物种战争

毕海燕 李湘涛 徐景先 李 竹 黄满荣 杨红珍 倪永明 张昌盛 杨 静 著

之 螳螂捕蝉 黄雀在后

北京市科学技术研究院
创新团队计划
IG201306N
项目支撑

中国社会出版社

国家一级出版社★全国百佳图书出版单位

图书在版编目(CIP)数据

物种战争之螳螂捕蝉黄雀在后 / 毕海燕等著.
—北京：中国社会出版社，2014.12
（防控外来物种入侵·生态道德教育丛书）
ISBN 978-7-5087-4915-0

Ⅰ.①物… Ⅱ.①毕… Ⅲ.①外来种—侵入种—普及读物 ②生态
环境—环境教育—普及读物 Ⅳ.①Q111.2-49 ②X171.1-49

中国版本图书馆CIP数据核字（2014）第292076号

书　　　名：	物种战争之螳螂捕蝉黄雀在后		
著　　　者：	毕海燕 等		
出 版 人：	浦善新		
终 审 人：	李 浩	责任编辑：	侯 钰
策划编辑：	侯 钰	责任校对：	籍红彬
出版发行：	中国社会出版社	邮政编码：	100032
通联方法：	北京市西城区二龙路甲33号		
	编辑部：（010）58124865		
	邮购部：（010）58124845		
	销售部：（010）58124848		
	传　真：（010）58124856		
网　　　址：	www.shcbs.com.cn		

中国社会出版社官方旗舰店
社会工作者考试教材统一指定天猫店

经　　　销：	各地新华书店		
印刷装订：	北京威远印刷有限公司		
开　　　本：	170mm×240mm　1/16		
印　　　张：	13		
字　　　数：	200千字		
版　　　次：	2015年6月第1版		
印　　　次：	2015年6月第1次印刷		
定　　　价：	39.00元		

顾问

万方浩 中国农业科学院植物保护研究所研究员

刘全儒 北京师范大学教授

李振宇 中国科学院植物研究所研究员

杨君兴 中国科学院昆明动物研究所研究员

张润志 中国科学院动物研究所研究员

致谢

防控外来物种入侵的公共生态道德教育系列丛书——《物种战争》得以付梓，我们首先感谢北京市科学技术研究院的各级领导对李湘涛研究员为首席专家的创新团队计划(IG201306N)项目的大力支持。感谢北京自然博物馆的领导和同仁对该项目的执行所提供的帮助和支持。

我们还要特别感谢下列全国各地从事防控外来物种入侵方面的科研、技术和管理工作的专家和老师们，是他们的大力支持和热情帮助使我们的科普创作工作能够顺利完成。

中国科学院动物研究所张春光研究员、张洁副研究员

中国科学院植物研究所汪小全研究员、陈晖研究员、吴慧博士研究生

中国科学院生态研究中心曹垒研究员

中国林业科学研究院森林生态环境与保护研究所王小艺研究员、汪来发研究员

中国农业科学院农业环境与可持续发展研究所环境修复研究室主任张国良研究员

中国农业科学院植物保护研究所张桂芬研究员、周忠实研究员、张礼生研究员、

  王孟卿副研究员、徐进副研究员、刘万学副研究员、王海鸿副研究员

中国农业科学院蔬菜花卉研究所王少丽副研究员

中国农业科学院蜜蜂研究所王强副研究员

中国农业大学农学与生物技术学院高灵旺副教授、刘小侠副教授

国家粮食局科学研究院汪中明助理研究员

中国检验检疫科学研究院食品安全研究所副所长国伟副研究员

中国疾病预防控制中心传染病预防控制所媒介生物控制室主任刘起勇研究员、

  鲁亮博士、刘京利副主任技师、档案室丁凌馆员、微生物形态室黄英助理研究员

中国食品药品检定研究院实验动物质量检测室主任岳秉飞研究员、

  中药标本馆魏爱华主管技师

北京林业大学自然保护学院胡德夫教授、沐先运讲师、李进宇博士研究生、

  纪翔宇硕士研究生

北京师范大学生命科学学院张正旺教授、张雁云教授

北京市天坛公园管理处副园长兼主任工程师牛建忠教授级高级工程师、
　　李红云高级工程师

北京动物园徐康老师、杜洋工程师

北京海洋馆张晓雁高级工程师

北京市西山试验林场生防中心副主任陈倩高级工程师

北京市门头沟区小龙门林场赵腾飞场长、刘彪工程师

北京市农药检定所常务副所长陈博高级农艺师

北京市植物保护站蔬菜作物科科长王晓青高级农艺师、副科长胡彬高级农艺师

北京市水产科学研究所副所长李文通高级工程师

北京市水产技术推广站副站长张黎高级工程师

北京市疾病预防控制中心阎婷助理研究员

北京市农林科学院植物保护环境保护研究所张帆研究员、虞国跃研究员、
　　天敌研究室王彬老师

北京市农业机械监理总站党总支书记江真启高级农艺师

首都师范大学生命科学学院生态学教研室副主任王忠锁副教授

国家海洋局天津海水淡化与综合利用研究所王建艳博士

河北省农林科学院旱作农业研究所研究室主任王玉波助理研究员

河北衡水科技工程学校周永忠老师

山西大学生命科学学院谢映平教授、王旭博士研究生

内蒙古自治区通辽市开发区辽河镇王永副镇长

内蒙古自治区通辽市园林局设计室主任李淑艳高级工程师

内蒙古自治区通辽市科尔沁区林业工作站李宏伟高级工程师

内蒙古民族大学农学院刘贵峰教授、刘玉平副教授

内蒙古农业大学农学院史丽副教授

中国海洋大学海洋生命学院副院长茅云翔教授、隋正红教授、郭立亮博士研究生

中国科学院海洋研究所赵峰助理研究员

山东省农业科学院植物保护研究所郑礼研究员

青岛农业大学农学与植物保护学院教研室主任郑长英教授

南京农业大学植物保护学院院长王源超教授、叶文武讲师、昆虫学系洪晓月教授

扬州大学杜予州教授

上海野生动物园总工程师、副总经理张词祖高级工程师

上海科学技术出版社张斌编辑

3

浙江大学生命科学学院生物科学系主任丁平教授、蔡如星教授、

　　农业与生物技术学院蒋明星教授、陆芳博士研究生

浙江省宁波市种植业管理总站许燎原高级农艺师

国家海洋局第三海洋研究所海洋生物与生态实验室林茂研究员

福建农林大学植物保护学院吴珍泉研究员、王竹红副教授、刘启飞讲师

福建省泉州市南益地产园林部门梁智生先生

厦门大学环境与生态学院陈小麟教授、蔡立哲教授、张宜辉副教授、林清贤助理教授

福建省厦门市园林植物园副总工程师陈恒彬高级农艺师、

　　多肉植物研究室主任王成聪高级农艺师

中国科学技术大学生命科学学院沈显生教授

河南科技学院资源与环境学院崔建新副教授

河南省林业科学研究院森林保护研究所所长卢绍辉副研究员

湖南农业大学植物保护学院黄国华教授

中国科学院南海海洋生物标本馆陈志云博士、吴新军老师

深圳市中国科学院仙湖植物园董慧高级工程师、王晓明教授级高级工程师、

　　陈生虎老师、郭萌老师

深圳出入境检验检疫局植检处洪崇高主任科员

蛇口出入境检验检疫局丁伟先生

中山大学生态与进化学院/生物博物馆馆长庞虹教授、张兵兰实验师

广东内伶仃福田国家级自然保护区管理局科研处徐华林处长、黄羽瀚老师

广东省昆虫研究所副所长邹发生研究员、入侵生物防控研究中心主任韩诗畴研究员、

　　白蚁及媒介昆虫研究中心黄珍友高级工程师、标本馆杨平高级工程师、

　　鸟类生态与进化研究中心张强副研究员

广东省林业科学研究院黄焕华研究员

南海出入境检验检疫局实验室主任李凯兵高级农艺师

广东省农业科学院环境园艺研究所徐晔春研究员

中国热带农业科学院环境与植物保护研究所彭正强研究员、符悦冠研究员

广西大学农学院王国全副教授

广西壮族自治区北海市农业局李秀玲高级农艺师

中国科学院昆明动物研究所杨晓君研究员、陈小勇副研究员、

　　昆明动物博物馆杜丽娜助理研究员

中国科学院西双版纳植物园标本馆殷建涛副馆长、文斌工程师

西南大学生命科学学院院长王德寿教授、王志坚教授

塔里木大学植物科学学院熊仁次副教授

没有硝烟的战场

——《物种战争》序

　　谈起物种战争，人们既熟悉又陌生，它随时随地都可能发生。当你出国通过海关时，倍受关注的就是带没带生物和未曾加工的食品，如水果、鲜肉……。因为许多细菌、病毒、害虫……说不定就是通过生物和食品的带出带入而传播的，一旦传播，将酿成大祸，所以，在国际旅行中是不能随便带生物和食品的。

　　除了人为的传播，在自然界也存在着一条"看不见的战线"，战争的参与者或许是一株平凡得让人视而不见的草木，或许是轻而易举随风飘浮的昆虫，以及肉眼看不见的细菌……它们一旦翻山越岭、远涉重洋在异地他乡集结起来，就会向当地的土著生物、生态系统甚至人类发动进攻，虽然没有硝烟，没有枪声，却无异于一场激烈的战争，同样能造成损伤和死亡，给生物界和人类以致命的打击。正因如此，北京自然博物馆科研人员创作的这套丛书之名便由此而就《物种战争》，既有"地道战""化学武器""时空战""潜伏""反客为主""围追堵截""逐鹿中原"，又有"双刃剑""魔高一尺，道高一丈""螳螂捕蝉，黄雀在后"。可见，物种战争的诸多特点展示得淋漓尽致。

　　我不是学生物的，但从事地质工作，几乎让我走遍世界，没少和生物打交道，没少受到这无影无形物种战争的侵袭：在长白山森林里被"草爬子"咬一次，几年还有后遗症；在大兴安岭，不知被什么虫子叮一下，手臂上红肿长个包，又痛又痒，流水化脓，上什么药也不管用，后来，多亏上海军医大一位搞微生物病理的教授献医，用一种给动物治病的药把我这块脓包治好了。有了这些经历，我深深感到生物侵袭的厉害，更不用说"非典""埃博拉"……是多么让人恐怖了！越是来自远方的物种，侵袭越强。

　　我虽深知物种侵袭的厉害，但对物种战争却知之甚少。起初，作者让我作序，我是不敢接受的。后经朋友鼎力推荐，我想，何不先睹为快呢，既要科普别人，先科普一下自己。不过，我担心自己能不能读懂？能不能感兴趣？打开书稿之后，这种忧虑荡然无存，很快被书的内容和写作形式所吸引。这套丛书不同于一般图书的说教，创作人员并没有把科学知识一股脑地灌输给读者，而是从普通民众日常生活中的身边事说起，很自然地引出每个外来入侵物种的入侵事件，并以此为主线，条分缕析，用通俗的语言和生动的事例，将这些外来物种的起源与分布、主要生物学特征、传播与扩散途径、对土著物种的威胁、造成的危害和损失，以及人类对其进行防控的策略和方法等科学知识娓娓道来。同时，还将公众应对外来物种入侵所应具备的科学思想、科学方法和生态道德融入其中，使公众既能站在高处看待问题，又能实际操作解决问题。对于一些比较难懂的学术概念和名词，则采用"知识点"的形式，简明扼要地予以注释，使丛书的可读性更强。

为了保证丛书的科学性，创作者们没有满足于自己所拥有的专业知识以及所查阅的科学文献，而是深入实际，奔赴全国各地，进行实地考察，向从事防控外来物种入侵第一线的专家、学者和科技人员学习、请教，深入了解外来物种的入侵状况，造成的危害，以及人们采取的防控措施，从实践中获得真知。

这套丛书的另一个特点是图片、插图非常丰富，其篇幅超过了全书的1/2，且绝大多数是创作者实地拍摄或亲手制作的。这些图片与行文关系密切，相互依存，相互映照，生动有趣，画龙点睛，真正做到了图文并茂，让读者能够在轻松愉悦中长知识，潜移默化地受教育。

随着国际贸易的不断扩大和全球经济一体化的迅速发展，外来物种入侵问题日益加剧，严重威胁世界各国的生态安全、经济安全和人类生命健康；我国更是遭受外来物种入侵非常严重的国家，由外来物种入侵引发的灾难性后果已经屡见不鲜，且呈现出传入的种类和数量增多、频率加快、蔓延范围扩大、发生危害加剧、经济损失加重的趋势。这就要求人们从自身做起，将个人行为与全社会的公众生态利益结合起来，加强公共生态道德教育，提高全社会的防范意识和警觉性，将入侵物种堵截在国门之外。

如今，物种战争已经打响，《孙子兵法》说："多算胜，少算不胜，而况于无算乎！"愿广大民众掌握《物种战争》所赋予的科学武器，赢得抵御外来物种侵袭战争的胜利。

中国科学院院士
中国科普作家协会理事长

2014年10月于北京

引言

"螳螂捕蝉，黄雀在后"这个成语出自《庄子·山木》："睹一蝉，方得美荫而忘其身，螳螂执翳而搏之，见得而忘其形，异鹊从而利之，见利而忘其真"。讲的是螳螂正要捕捉蝉，却不知道它也处在黄雀猎取的范围内。

有些外来物种，仰仗着"三板斧"——强大的繁殖能力、适应能力和分泌化感物质的能力，在异邦的土地上肆意横行，把本地物种驱赶得无处容身，颇有所向披靡之势。但得意忘形，难免会乐极生悲。它们好像忘记了，还有一些生物正在虎视眈眈地盯着它们，伺机而动——这就是躲在它们背后的"黄雀"，它可能是动物、植物，也可能是微生物。所以，一时得势的外来入侵物种，不要得意得太早，有句俗话叫作"一物降一物"，"猎手"成为"猎物"也不过是眨眼之间的事情。

飞机草

Eupatorium odoratum L.

能够接触到飞机草的人,除了本地的居民外,还有走在路上的旅行者。因此,大家应该在旅行中多去注意一下这种植物,把它的危害相互转告,并检查自己身上有没有携带它那带有钩刺的瘦果,以免自己沦为它入侵的帮凶。

云南西双版纳热带植物园

神通广大

　　相信许多朋友都喜欢到云南旅行，那里气候宜人，有许多让人流连忘返、叹为观止的自然景观。云南也是我国动植物种类繁多的地区，高等植物种类高达1万多种，很值得大家去观光旅游、野外考察，去探索自然界的奥秘。但当你在享受旅途的美好风景时，有没有发现一个奇怪的现象？不论你走到哪里，总能看到一种有着长长茎杆，顶着粉白色小花的植物。它好像一直在跟随着你，时时跟你抢镜头，在你的照片上留下独有的印记。它到底是"何方神圣"？《西游记》里的"齐天大圣"孙悟空是我童年岁月中印象非常深刻的人物，他神通广大，能上天下海，他还有一个"克隆"的法术，拔出一撮猴毛后吹一口气，就可以复制出成千上万个孙悟空。难道这种植物也有如此大的神通，能复制出如此多的自己吗？

那就请我们故事的主角闪亮登场吧！

这种无处不在的植物叫飞机草。很奇怪的名字吧？因为这种外来植物来到中国以后，迅速地站稳了脚跟，随后在很短的时间里又把自己的后代散播到四面八方，速度之快好像是用飞机来播撒种子一样，形成了大面积的种群，故此把它命名为飞机草。说它"神通广大"如孙悟空，看来一点儿都不为过。

孙悟空奇石

飞机草在很短的时间里把自己的后代散播到四面八方，速度之快好像是用飞机来播撒种子一样

飞机草

孙子像

飞机草*Eupatorium odoratum* L.并不是土生土长的本土植物，它的老家在距离我们非常遥远的地方——美洲。它没有翅膀用来飞行，没有脚用来奔跑，怎么能到达万里之遥的地方呢？的确，与可以飞行、奔跑的动物相比，植物给人的感觉是寸步难行的。但是，《孙子兵法》里说："兵者，诡道也。故能而示之不能，用而示之不用……攻其不备，出其不意"。大意是说，用兵作战，就是一种诡诈的行为。因此，能攻却要装出不能攻，要打却要装出不去打……攻打对方没有防备之处，在对方意想不到的情况下采取行动。这些都是克敌制胜的诀窍。飞机草也许是"读"过这本书的植物之一。它们向人类"示弱"，但只要有一点机会，它就拼命抓住，到异国他乡去扩张自己的版图。历史证明，是我们人类为它提供了长途旅行的机会,而且这种机会还不止一次。

一百多年前,随着交通运输越来越便利,国际间的交流也日益频繁,美洲的飞机草被来自亚洲的植物学家看到,并被作为观赏植物引种到了亚洲。这是一个千载难逢的机会。飞机草在植物园里只安分地待了很短的时间,就开始蠢蠢欲动。它把种子悄悄撒到植物园外的地方,从园中逃逸出来,并不断地扩大自己的野外领地,现在非洲、亚洲、大洋洲和西太平洋群岛的大部分热带及亚热带地区都有了它的踪迹。

知识点

头 状 花 序

头状花序是无限花序的一种,由许多无柄小花密集着生于花序轴的顶部,聚成头状,外形酷似一朵大花,实为由多花组成的花序,一般再由许多头状花序组成圆锥花序、伞房花序等。头状花序的最外面包有总苞,一般为绿色,叶状,它的功能是在头状花序未开放之前,包在外面起保护作用,如向日葵、蒲公英等。植物中具有头状花序的种类很多,庞大的菊科植物几乎都是头状花序,它也因而成为菊科的特征。蓼科植物也有少数具有头状花序的种类,如赤胫散等。

事情的发展看起来很简单,飞机草受到了植物学家的赏识,因而得以离开家乡,随即就暴露出了它的"野心"。既然是被作为观赏植物引入亚洲的,它一定有迷人的外表吧?没错,它的确长得楚楚动人。

飞机草又名香泽兰,隶属于菊科泽兰属。它是多年生的草本植物或半灌木,植株高达3～7米,可以算得上草本植物中的"高个子"了,茎笔直挺立,犹如身材秀颀的"少女"一般,姿态非常优美。它的全部茎枝上覆盖着稠密的黄色茸毛或短柔毛,看起来质地非常柔软,毛茸茸的"外表"又给它平添了几分可爱的气质。叶长4～10厘米,宽1.5～5.5厘米,单叶对生,卵形、三角状卵形或菱状卵形,叶形上有一定的变化幅度;从叶基部发出三条非常明显的叶脉,叶边缘不是全缘的,而是有稀疏、粗大而不规则的圆锯齿,这些锯齿不规则地排列着,

飞机草的头状花序

细细端详，好像一幅幅艺术感十足的画作。作为菊科植物，就必然会拥有菊科的典型特征——头状花序。飞机草的头状花序不是单一的，而是由很多个小的头状花序在茎枝顶端排成伞房花序或复伞房花序，倘若此时一阵微风吹过，成片的飞机草花序万头攒动，真的是蔚为壮观，让人印象深刻；它的花冠合在一起，形成了管状，而不是分离的；花的颜色也很素雅，呈白色、粉红色或淡黄色。瘦果狭线形，黑褐色，5棱，和我们熟悉的蒲公英果实非常相似。瘦果上长有长毛，就像是头上戴了毛帽子一样，因此这种毛也被称为冠毛。冠毛的作用非常大，它就像是直升机的螺旋桨一样，被风吹动就会产生动能，带动瘦果一起去旅行，把飞机草的种子撒播到很远很广阔的地方，这就是飞机草"神通广大"的秘密。它在全世界范围内有如此大而广泛的领地，"螺旋桨"冠毛居功至伟。飞机草目前在全球都有分布，是当今世界著名的危害巨大的入侵植物。不过，它在地球上南北半球的开花时间有显著差异，在南半球是4～5月花朵开放，而在北半球则要等到9～12月才会开花。

复杂的出逃路径

　　飞机草在美洲大陆上生活了很长时间，由于受到香泽兰灯蛾和香泽兰瘿实蝇等天敌的制约，以及与周围植物长期建立的"和平共处"的"睦邻友好关系"，它非常"安分守己"，与现在我们了解到的简直是"判若两人"。那么，是什么契机才使得它离开老家美洲大陆，来到亚洲并露出狰狞的面目呢？这就不得不再提到前文说过的这件事了。

　　19世纪，一位印度的植物学家来到美洲大陆考察，发现了飞机草的身影，惊诧于它亭亭玉立的身姿，淡雅别致的花朵，真的是太美了！这是在本国从没见过的植物，于是，他当下就决定要把飞机草带回印度，引种作观赏植物。结果，飞机草如愿以偿的以观赏植物的身份被首次引入到印度的植物园，这也是它漂洋过海，初次踏上亚洲大陆。这位学者当初引进飞机草是一番美意，引入本土没有的观赏植物，用来美化环境。万万没有想到的是，他被飞机草的"美色"蒙蔽了

台湾日月潭

双眼,也被它表面的"温顺"所欺骗,这不但给印度本国带来了无穷后患,还殃及了亚洲的许多国家,使印度成为飞机草"称霸世界"的桥梁和纽带。

飞机草来到神秘的东方古国印度后,慢慢变得不温顺了,开始露出它的"庐山真面目"。它借助"螺旋桨"冠毛的力量,把种子撒播到植物园以外的地方,成功地从植物园的栽培植物转变成在野外也能生存的野生植物,来了个"反客为主"。1876年,印度的部分地区已经出现了野生飞机草。它凭借种子传播的优势,逐渐向南、向北迁移,1918年它已广泛分布于印度的阿萨姆邦、孟加拉西部及缅甸等地。

20世纪20年代,印度与周边国家之间主要通过货船来运输物品,这也给飞机草提供了一个绝佳的运输工具。由于当时的检疫工作非常不完善,它的果实就混杂在货船压舱物中,神不知鬼不觉地传入了新加坡和马来亚,并由此继续扩散。之后飞机草以不可抵挡之势,逐步扩散至印度尼西亚、菲律宾、老挝、柬埔寨、越南、中国、斯里兰卡、尼泊尔、不丹等国。值得一提的是,飞机草本身还散发一种香气,可以作为香料植物,这又"诱使"喜欢香料植物的泰国人在20世纪20年代早期就把它引种到泰国栽培了。20世纪30年代,飞机草入侵至老挝后,又经中老边境传入我国的边陲——云南南部,并进一步传入广西、广东、海南等地。此外,我国的台湾地区还把飞机草作为药用植物引入栽培,后来,它就成为入侵性杂草出现在台湾南部一带。

1994年,人们在澳大利亚昆士兰州北部具有湿热气候的塔利发现了飞机草的身影,说明它已经把触角伸到了大洋洲。究竟飞机草是怎么到大洋洲落户的呢?有学者推测,可能是由于19世纪60年代澳大利亚从巴西进

货轮

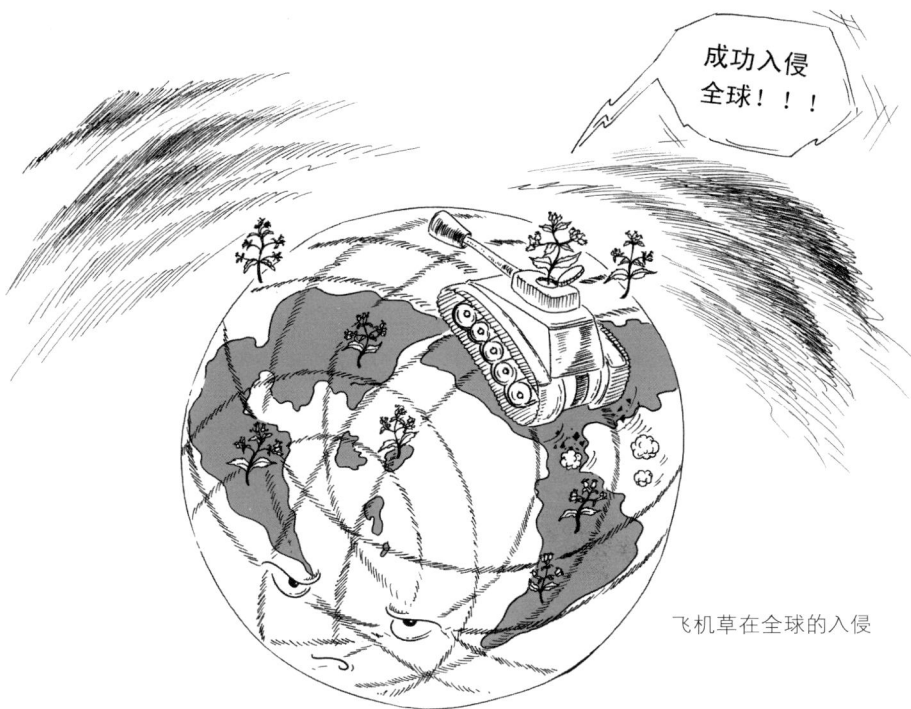

飞机草在全球的入侵

口牧场草种时,飞机草的种子混杂在其中被无意引入的。另外,有人认为西太平洋和大洋洲的飞机草均来源于亚洲,这就不得不提到第二次世界大战了。这场战争涉及的范围从欧洲到亚洲,从大西洋到太平洋,先后有61个国家和地区、20亿以上的人口被卷入战争,作战区域面积达2200万平方千米。由于第二次世界大战期间军队和装备的转移及调动,给飞机草这样的"野心家"提供了绝好的传播机会,也加速了它在全球的传播和扩张。飞机草很可能由印度尼西亚被带入东帝汶岛,并进一步传入到当时作为军事基地的澳大利亚北部海岸。

　　非洲大陆也没有能逃脱飞机草的入侵。1937年,由于进口混有飞机草种子的森林树种种子而使其由斯里兰卡传入非洲西部的尼日利亚,并由此扩散至非洲的许多国家。20世纪40年代,由于货物的包装物中带有飞机草的种子而使其传入南非港口城市德班,之后便由德班扩散至夸祖鲁—纳塔尔省的其他地区,并沿邻近的海岸带向南、向北继续迁移,南非第一个世界遗址公园圣路西亚湿地国家公园也同样受到了飞机草的侵袭。

9

通过上面的介绍，我们不难看出，飞机草在世界各地的成功入侵与人类活动密切相关，是我们人类给它提供了各种机会。

成功入侵的秘诀

离开美洲大陆的飞机草，再也不是以前秀美、温顺的样子，而是变成了世界性的恶性杂草，它是怎样完成这种并不华丽的"转身"呢？

蜜蜂传粉

飞机草能称霸世界，繁衍出如此多的后代，必然拥有强大的繁殖能力。更值得一提的是，作为种子植物，它既可进行有性繁殖又能进行无性繁殖，并且这两种繁殖方式的能力均较强。有性繁殖，顾名思义，就是必须通过两性生殖细胞的结合，产生新个体的生殖方式。飞机草柱头长达1厘米，通过显微镜观察发现，柱头上密布倒哑铃形突起，四个突起形成一个钳形，而飞机草花粉两端有突起的气囊，花粉气囊和四个倒哑铃形突起形成的钳形部位紧密结合，大大提高了受精成功率。经过蚂蚁等小昆虫的牵线搭桥，受精后的每棵植株产生的种子数高达几万粒，产量多到惊人的地步。

为保障有性繁殖的顺利进行，飞机草还有一套完备的锦囊妙计，以保证种子的顺利产生。在形态结构上，为保证花序发育所需要的能量供应，飞机草每个复伞房花序周围至少有4枚叶片，作为花朵的忠实捍卫者。即使其他叶片脱落后，复伞房花序周围的这些坚强卫士所合成的能量，也足以保证该花序的发育。如果环境条件优越，飞机草花序开花结实量就大，但即使这样，飞机草在开花结实时，其复伞房花序中的中心花序也是最先发育，其他花序落后于中心花序发育1周左右。如果环境条件不利于所有花序的完全发育，飞机草则

飞机草的复伞房花序

"调整"能量分配,优先供给中心花序,中心花序成熟后,周围的花序再渐次发育。当能量供应匮乏时,在中心花序成熟过程中,其他花序败育,以节省能量支出。在林缘生境中,因为高大乔木的遮阴作用,飞机草落叶严重,能量供应不足,败育率高。飞机草的这种中心发育机制,是其入侵成功的高招妙计,它使飞机草无论在何种生境中,均能产生一定量的种子,保证后代的延续,并在相对好的生境中产生大量种子,扩展种群规模。

飞机草简直就是个战术大师,它制订了保护种子的策略后,又给种子远距离传播制订了新计谋。飞机草不但瘦果上有棱,棱上有大量尖锐的硬质刺,而且其多刺的冠毛呈伞形,极利于借风力传播。飞机草瘦果和冠毛多刺的特点,使其极易附着在人、畜的身上,被带至远距离的新生境,而在风力传播过程中又有利于被各种物体拦截,尤其是粗糙的地表。同时,飞机草种子很小,千粒重不足0.2克,较容

飞机草与其他植物竞争阳光

易随机钻入土壤孔隙中,萌发而形成新的种群。散落地面的飞机草种子只要水热条件适宜,4~5天即可开始萌发,当年植株高度可达1.7米左右;而在长至0.5~0.8米时,自茎基部叶腋处萌生1或2个次生枝,第二节又萌生2或3个次生枝,然后又在次生枝上复生2或3个新的枝条,如此直到枝顶,这样每株飞机草便形成了具有多个分枝的植丛;而匍匐于地面的次生枝,在30℃时只要10天左右就可以克隆繁殖出一个全新的植株。种子数量多、传播力强、萌发生长快、分枝与克隆繁殖能力高,使飞机草在适宜的生境下密集成丛,极易形成单优种群而成功入侵。

当然,先天优势与连环妙计的运用,并不能让飞机草处于不败之地。飞机草是多年生阳生草本植物,所处的生境比较复杂,为获得生长所需的光能,与伴生植物进行着激烈的"斗争"。在次生裸地上飞机草比较容易生长,迅速占领生境,屏蔽其他较小的草本植物,使

飞机草

之不能生长或生长不良。但在林下或林缘，飞机草则面临着强大的竞争。在林分密度比较大的林下，飞机草因为光线不足而不能生长，只有在疏林下有分布，且生长也不良。在林缘或与灌木伴生时，飞机草相对于灌木，无论个体大小还是竞争力，均处于劣势。但是，瘦小且不能借助吸盘等器官进行攀援的飞机草，也会随机应变，它为了获得生存所需的光能，能够"聪明"地调整生长结构，即在灌木下的主茎基本没有分枝，使劲往高处长，主茎高度往往是正常状态的2～3倍。这些主茎借助灌木支撑，攀援到灌木的顶端，然后在灌木上旺盛生长，进行分枝，开花结实，同时又大面积覆盖在所借助的灌木顶部，减少灌木的有效光合面积，降低其竞争力，真是无所不用其极！

不要以为飞机草就只有这些手段，它还会使用"生化武器"，杀伤对方于无形，以完成征服历程。

科学家研究发现：飞机草分泌的化感物质对豇豆、四季豆、青

烟草　　荔枝

瓜、萝卜、菜心、白菜、水稻和稗草、黑麦草等多种植物的生长发育，均有不同程度的影响，飞机草的化感化合物主要是黄酮类、生物碱和非蛋白氨基酸等物质，而挥发油中则主要是萜类化合物、烷烃类化合物和含氧化合物。这些化感物质不但能抑制相邻植物的生长发育，还能使昆虫不敢来吃它，真可谓是一举两得。前面提到的飞机草的天敌仍然在遥远的美洲，并没有随飞机草到世界各地去旅行；而入侵地的昆虫由于惧怕它的化学武器而不敢吃它，这也是它能够成功入侵的重要原因。

　　外来物种能否成功入侵除受自身的生物学特性制约外，还与入侵地的气候特点、生境类型密切相关。如果入侵区域的环境条件与原产地类似，那么外来物种成功入侵的概率就会上升。飞机草喜高温、光照充足和潮湿的生长环境，而我国南部的低纬度地区横跨热带和南亚热带两个气候带，温暖潮湿、雨水充沛、太阳辐射强和热量丰富等气候条件与其原产地基本相似。这对飞机草的定殖、扩散非常有利，也与飞机草在我国海南、云南、广东、广西等省区的大面积入侵分布相符。在具体的入侵地段上，飞机草通常最先入侵弃荒地或受人类活动严重干扰的生境，而此时该退化生境的空间和资源状况正"虚位以待"，且竞争者少，极利于飞机草的入侵，使之能顺利地占据一个有利地形。同时人类活动的干扰打破了本地生态系统的平衡状态，群落的物种组成与结构趋于简单化，生物多样性降低，其抵御外

龙眼

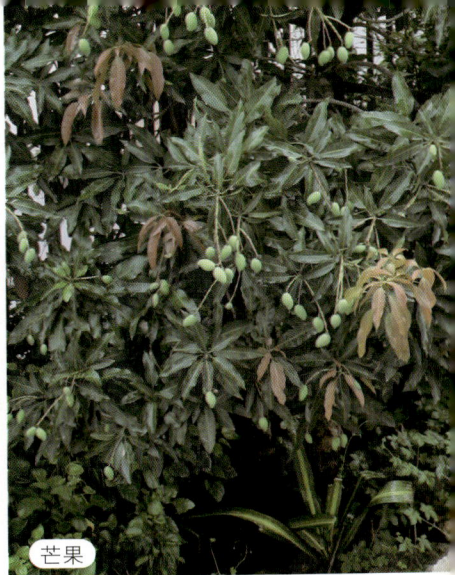
芒果

来入侵者的能力大大下降,不先安内,何以攘外?这也为飞机草的入侵提供了机会。另外,世界经济的一体化使贸易、运输、旅游业在全球范围内迅速发展,人为的引种和无意带入,亦有利于飞机草的传播和扩散。

造成的危害

飞机草在占据天时、地利、人和的情况下发起进攻,成功地将本地种排挤掉,大大降低了入侵地的生物多样性。而在林区,飞机草也能够沿着道路两侧逐渐向纵深处传播,占据每一块伐木迹地和林间空隙,影响林木的生长与更新;并且飞机草极难根除,即使经过砍伐和焚烧后,只要土壤湿润,就能从埋于土中的多年生根系中迅速再生,长成灌丛,再继续扩散为害,对整个生态系统的结构和功能造成更严重的破坏。

飞机草的入侵性极强,在适宜的条件下可入侵草地、农田、果园等生态系统,对当地的畜牧业和农业生产造成严重的危害。在草场,飞机草能够和牧草争夺阳光、水分、肥料,当高度达15厘米或更高时,便能明显地影响其他草本植物的生长,一般的牧草大都会被"排挤出局",2～3年后草场就失去利用价值。在农耕地,飞机草造成粮食作物和烟草、桑、甘蔗、香蕉等经济作物减产,并且致密的灌丛群落常

15

成为老鼠和其他一些有害动物的隐匿场所，从而使周边的作物蒙受损失。飞机草还入侵芒果、荔枝、龙眼、柑橘等果园，在短期内即能建立群落并成为优势草种，造成果树产量下降，而且在冬季其干枯植株极易燃烧，成为火灾的隐患。同时，飞机草也是叶斑病病原的中间寄主。

飞机草在植物界劣迹斑斑，同样也威胁人、畜的健康。它那带冠毛的果实、花粉容易飘散在空气中，由于植株密度很大，这些果实或花粉在空气中飘荡时很容易被牲畜吸入体内，能引起马、驴等家畜的哮喘病和支气管炎，甚至引起牲畜的组织坏死或死亡。飞机草叶片、幼芽含有较高的香豆素等有毒化合物，用来垫圈或下田沤肥会引起牲畜的蹄叉、人的手脚皮肤过敏，出现红肿、起泡等症状；被畜、禽和鱼类误食后会发生中毒，轻者引起头晕、呕吐，食入一定量后会引起死亡。我国四川凉山州就遭受到了飞机草带来的严重伤害。凉山州是以畜牧业为经济支柱的地区，那里的草场被飞机草大量入侵而遭到破坏。原本放牧在这里的牲畜并不认识飞机草，当然更不会知道它们有毒，看到它们绿油油的，一副生机盎然的样子，还以为是天上掉下来的美味，欣然食之，结果可想而知：大批的牲畜由于食用飞机草而死亡。

香蕉林

立体防御

面对飞机草的步步紧逼，人类不会坐以待毙，我们可以通过人、植物、动物构建一套立体防御系统。

《吴子·料敌》讲："敌人远来新至，行列未定可击。"意思是说，敌人远来新到，战斗队形尚未安排停当，可打。也就是说，在飞机草刚刚传入一个地方，立足未稳，还没有来得及大面积扩散时，我们可以采用人力拔除的办法应对。但是飞机草无性繁殖能力比较发达，如果有根系残留在土壤中，在适宜的温度条件下仍然可以萌发，因此拔除必须彻底，对拔除后的植株可以用火烧处理。清除后的土壤必须压实，防止其成为残留根系和飞机草种子的新萌发源。

对于入侵面积较大的地区，省时省力的方法就是动用大型机械设备，如推土机。因为飞机草属于浅根系植物，它的根并没有伸到地下太远的距离，用推土机可以将飞机草的主要根系推到土壤表面。但不能将这些根系和残体留在土壤中，若留在土壤中，将会给它提供无性生殖的机会，这个疯狂扩张的恶魔又将卷土重来，会使之前所有的努力付之东流。因此在使用推土机之后，应将推出的飞机草根系和地上残体集中在一起，点上一把火，让植株和根系在火中化为灰烬，真正做到斩草除根，才能永绝后患。

推土机

要特别强调的是：采用以上这两种方法时要选择好时机，一定要在开花结果前把它消灭干净，千万不能等到飞机草生殖成熟期再进行，到那个时候，面对着数以亿计的小伞似的果实，它们到处飞舞，根本无法控制，你将会有欲哭无泪的感觉，真的是无计可施，只能等到它们再发芽长出幼苗时，在苗期将它们扼杀了。

万头攒动的飞机草

飞机草属于先锋性植物，容易入侵并占领次生裸地，适合做一个"开拓者"。但"人无完人、金无足赤"，它也不是无坚不摧的，也有自身的弱点。比如裸地若被其他植物占据，尤其是被一些丛生浅根系草本植物先占领生境，飞机草种子的优势反而变成了劣势，它们容易附着在其他植物上的特点，极大地降低了其种子的落地机会。加之飞机草种子在土壤中存活时间较短，很难或不能再入侵非裸地生境。即使偶有种子萌发，在与浅根杂草的竞争中，长势也很弱，容易被根除。因此，在裸地上，可以先人工种植一些繁草植物；在公共区域，可以种植一些绿化草本植物，不给飞机草以可乘之机。

18

"山外有山，人外有人""强中更有强中手"，飞机草这个入侵植物中的"魔王"也有无法侵入的时候。它是一种对光照适应范围较广的植物，但在郁闭度大于90%以上的林分内几乎没有飞机草分布，尤其是在木麻黄林内没有飞机草分布。因此，可以对长期弃耕地或荒地通过乔、灌、草结合，或者种植如柱花草等经济植物，这样既有经济收益，又可以达到有效防治飞机草的目的。

　　在自然界中有金字塔形的食物链存在，作为植物的飞机草当然也有天敌存在，特别是在它的原产地美洲，有大量的专一性昆虫取食及病原菌侵染，这也使飞机草在当地并没有造成危害。因此，可采用引进原产地天敌的方法进行飞机草的防除。一般来讲,飞机草的生物防治重点在于寻找能够破坏其叶、茎或根的昆虫。由于飞机草的茎秆具有光合作用能力,在植株落叶后仍然能够存活并再生长,因此防治飞机草扩散的关键是寻找能够寄生在茎部的昆虫。同时,还要优先考虑使用以飞机草根部为食的昆虫,因为这类昆虫可以削弱或杀死飞机草的幼苗。按照以上的标准,有3种飞机草的天敌最具潜力,即香泽兰灯蛾、香泽兰瘿实蝇和安娴珍蝶。此外,还有褐黑象甲、艳娴珍蝶等。泽兰食蝇也是飞机草重要的专食性天敌,可以阻碍飞机草的生长和结籽,削弱飞机草的长势,已得到广泛利用。让我们来认识一下这些飞机草"杀手"。

香泽兰灯蛾隶属于鳞翅目灯蛾科,原产于南美洲。香泽兰灯蛾采食飞机草的叶子,损伤它的芽蕾,并将虫卵产于叶子表面,使其叶子逐渐变黄,不久便死亡。它对飞机草的作用受寄主植物生理状况和环境条件,如环境湿度、温度的影响。其幼虫喜好在夜晚取食飞机草叶片或幼芽,叶片被取食后会变黄脱落,而且叶绿素含量和光合速率下降;幼芽被取食后会干枯,若是飞机草基部丛生出的幼芽持续被取食,则会引起整株死亡。飞机草被啃食后开花率会大幅下降,甚至全部落叶,这降低了它的竞争能力,有利于入侵地恢复生物多样性。

香泽兰瘿实蝇隶属于双翅目实蝇科,原产于南美洲。香泽兰瘿实蝇只选择在飞机草上产卵,对飞机草具有寄主专一性。香泽兰瘿实蝇雌虫有一个长的产卵器,可以插到飞机草植株顶端的分生组织或腋芽中,在芽顶端产卵。随着卵的孵化及幼虫的生长发育,飞机草茎秆节点通常会发生不正常生长而形成虫瘿,引起茎秆变形,植株生长减缓。同时,虫瘿成为香泽兰瘿实蝇的一个营养聚集点,从而减少飞机草开花和结籽的机会。香泽兰瘿实蝇在不同地区引种释放的结果表明,其较易在野外建群,即使在分布稀疏的飞机草植株上也容易定殖,能对飞机草起到较好的控制作用。

安娴珍蝶隶属于鳞翅目珍蝶科,原产于南美洲。它完成一个世代时间因气温而异,通常为73～102天,随着温度升高而缩短。影响成虫交配成功率的因素主要是雌雄虫的羽化期能否一致,交配延续时间和外界温度。当气温达到30℃左右时,成虫才活动并交配,若是交配时间过短,会影响到卵的孵化率。雌虫在早晨达到产卵高峰期,一般选择植株顶端的叶片产卵,卵聚集在一起形成卵块,每个卵块中有卵100～700个,数量变化很大。小的卵块,由于受精不充分,孵化率比较低,而受精充分的大卵块的孵化率很高。幼虫及成虫都会分泌毒素,防止被取食或寄生。

棉铃虫幼虫

安婀珍蝶幼虫只有取食飞机草和薇甘菊叶片,才能顺利完成整个世代,说明其对飞机草和薇甘菊具有寄主专一性。

安婀珍蝶幼虫专一性取食飞机草或薇甘菊叶片,取食时受温度、湿度及叶片新鲜程度的影响。叶片被取食后,上下表皮剥裂下垂,最后脱落。刚孵化的幼虫吐丝结成一个丝网联结在一起,聚集取食飞机草嫩叶表皮,到5龄幼虫时开始分散取食整个叶片。

生物防治是一种无污染、成本低、不产生抗性、持续期长的方法,但昆虫繁殖力低,基数小,面对飞机草的疯狂生长速度(30千米/年),短时间内是难以抑制的。从饲养昆虫到控制住飞机草至少需要10年的时间,并且生物防治在引入天敌时也要考虑引入天敌的选择性和安全性,防止天敌转换寄主的风险。

开发利用

飞机草是危害严重的入侵生物,但因其对昆虫有驱避作用,可作为治疗某些疾病的有效中草药,因此可通过开发其综合利用价值以达到变废为宝、化害为利的目的。

飞机草可以作为中草药,全草皆可入药,性温,味微酸,具有清热解毒、凉血利咽、散瘀消肿和止血的功效，常用于治疗咽喉肿痛、感冒发热、麻疹热毒、肺热喘咳和跌打外伤等，也可用于杀虫和止痒。另外，用新鲜茎叶捣碎后外涂可防蚂蟥吸咬，撒于水田沤烂可防钩端螺旋体感染。在东南亚，飞机草还用于临床治疗皮肤感染、齿槽炎和昆虫叮咬。

利用飞机草的次生物质来进行各种病虫害的防治控制，目前已有不少的研究报道。在动物性害虫的防治方面，它的挥发物或乙醇提取物对小菜蛾、黄曲条跳甲、美洲斑潜蝇和荔枝蒂蛀虫等害虫，有显著的成虫产卵忌避作用；对棉铃虫有明显的拒食作用，并可致死香蕉交脉蚜；对仓储谷物害虫如玉米象、四纹豆象和赤拟谷盗等，也有较好的驱避和熏杀作用。在植物性病菌的防治方面，飞机草的粗提液对玉米大斑病菌、玉米小斑病菌、芒果炭疽病菌、哈密瓜镰刀病菌、甘蓝黑斑病菌等多种病原菌的生长，均有一定的抑制作用。在喜马拉雅山温暖地区，飞机草还被用作毒鱼剂材料，这说明它的次生化合物具有一定的毒杀、抗菌、拒食和产卵驱避活性，是一种潜在的植物保护剂，在植物源农药的开发生产中具有广阔的发展前景。

飞机草的茎

玉米的茎

目前，我国是世界纸制品消耗的第二大国，每年生产和消耗大量的纸制品。但当今面临木材原料供应不足、价格过高，以及回收废纸原料价格不断上涨等问题，制约着纸制品公司产品效益的发挥。因此，在提倡节约用纸和有效回收纸制品的同时，研究开发非木材原料是一个重要环节。有学者对飞机草茎与玉米茎的纤维素含量进行了比较，结果表明两者的纤维素含量相当，说明飞机草具有作为造纸和生物质原料的潜力。

外来入侵杂草的生态适应性强，通常有净化水体重金属污染的作用。有学者用飞机草的茎烘干后进行去除水中的铅离子试验，结果显示它可有效去除水体中铅离子，然后通过富集作用，人们可以从中重新提取这种金属，达到废物利用、变废为宝的目的。

飞机草这个"绿色幽灵"在我国热带地区已经抢占了大片地盘，如今我们对它入侵的各种武器已经有所了解，应该不遗余力地消灭它，把它扼杀在萌芽之中。然而，能够接触到它们的人，除了本地的居民外，还有走在路上的旅行者。我提议，大家可以在旅行中多去注意一下这种植物，把它的危害相互转告，并检查自己身上有没有携带它带有钩刺的瘦果，以免自己沦为它入侵的帮凶。

（毕海燕）

深度阅读

杨逢建, 祖元刚. 2005. 林业有害植物飞机草的入侵机理. 1-121. 科学出版社.

张黎华, 冯玉龙. 2007. 飞机草的生防作用物. 中国生物防治, 23(1): 83-88.

万方浩, 李保平. 2008. 生物入侵: 生物防治篇. 1-596. 科学出版社.

余香琴, 冯玉龙, 李巧明. 2010. 外来入侵植物飞机草的研究进展与展望. 植物生态学报, 34(5): 591-600.

鲁萍. 2011. 重要外来入侵植物入侵性的研究. 1-46. 中国农业出版社.

付卫东, 张国良. 2012. 七种外来入侵植物的识别与防治. 1-65. 中国农业出版社.

环境保护部自然生态保护司. 2012. 中国自然环境入侵生物. 1-174. 中国环境科学出版社.

美国白蛾

Hyphantria cunea (Drury)

对于美国白蛾的猖狂进犯，用一场"战争"来形容人们阻击它们的行动，并不为过。既然是"战争"，人们就得跟"侵略者"斗智斗勇，掌握先进的"武器"是取得胜利的先决条件。而在我国寻找到美国白蛾的有效天敌进行生物防治，是最绿色环保的。

远道而来的"白袍巫师"

　　2010年夏末，石家庄市发生了一件令人头疼的事情：头一天还是风和日丽、阳光明媚，市民们拿着蒲扇，纳凉聊天、下棋遛弯，不亦乐乎，可是，一夜之间风云突变，石家庄市的大小街道、公园、居民小区、企事业单位被一种"虫子"搅得心烦意乱。不仅许多墙上爬满了密被白色长毛的毛毛虫，而且很多种园林植物如法桐、臭椿、国槐、白蜡等的树冠上还挂满了这种"虫子"制造的网幕，网幕内群居着大量的毛毛虫。它们"饭量"极大，将叶片蚕食得只留下网状叶脉，有的树冠一夜之间就已经成了"秃头"。成群的毛毛虫沿着树干向下爬行，人走在树下，一不小心就落到头上、身上，令人十分讨厌。风一吹，很多毛毛虫就落在了自行车、汽车或地面上，导致早晨上班的女士们都不敢去开车，孩子们放学不敢回家。狭窄胡同的墙面和地面上都是密集的毛毛虫，大家只能踩着它们的躯体，"杀"出一条血路才能出门。居民们以前都会在院子里晾衣服、晒被子，现在可不敢了。如此密集的"毛毛虫"的突然"造访"，着实把石家庄市的父老乡亲们吓了一跳。

　　其实，早在2008年的8～9月份，这种"虫子"就已经在石家庄市的周边市县局部发生过。后来，石家庄市内的一些

石家庄人民广场

26

正在交配的美国白蛾

公园、街道也陆续出现过，只是在那个时候，这种"虫子"发生的不是那么凶猛，对植物的危害也没有那么严重，对人们的影响也没有那么恶劣，所以，并没有引起足够的重视。那么这是一种什么样的昆虫，为何能在一夜之间大暴发呢？

原来，这种"虫子"就是举世瞩目的世界性检疫害虫、大名鼎鼎的外来有害昆虫——美国白蛾*Hyphantria cunea*（Drury），也有人叫它秋幕毛虫、网幕毛虫。美国白蛾在分类学上隶属于鳞翅目灯蛾科，原产于北美洲北纬19°至北纬55°之间的加拿大南部、美国和墨西哥等地。美国白蛾的传播能力很强，除了自然传播，它的远距离传播主要靠人代为"帮忙"。停留在美国白蛾发生地的待运原木、货物（包括农林牧渔业产品）、包装及货车、货船、渔船等运输工具都是它借以进行传播的"助手"，特别是在幼虫盛期（6～10月），这些物品或交通工具很容易传带美国白蛾的幼虫以及蛹等，形成新的虫源。在第二次世界大战期间，美国白蛾随军用物资从美国传播至欧洲。在亚洲，它于朝鲜战争期间相继传入了日本、韩国和朝鲜。我国于1979年首次在辽宁丹东发现了美国白蛾的身影，目前它已广泛分布于辽宁、河

美国白蛾卵

北、山东、陕西、天津、北京等省、市。美国白蛾具有传播速度快、繁殖力强、危害的寄主植物多、取食量大等特点，在它所到之处，都无可避免地造成了园林绿化树木、防护林、果树的叶子几乎全部被食光的重大灾害。

美国白蛾几乎"不挑食"，在我国为害的寄主植物种类多达49科、175种以上，几乎包括了我们栽培的大多数林木、果树、园林植物和花卉、蔬菜、农作物，以及多种草本、灌木植物等。此外，美国白蛾老熟幼虫还有扰民的恶习，比如进入农户、居民家中以及公共场所寻找食物和化蛹场，这直接危害了城镇环境绿化和美化，给农林业生产以及旅游、进出口贸易等造成重大损失，对各地的经济发展、生态环境和人文社会等都产生了极大的危害。

惊人的繁殖能力

美国白蛾具有惊人的生育能力。一头雌蛾一次可产卵800～2000粒，年平均繁殖后代3000万头，最多可达2亿头以上。它在原产

柿树上的美国白蛾幼虫

核桃树上的美国白蛾幼虫

地一年仅发生1代,但在我国大部分地区一年发生2代,个别地区出现3代,以滞育蛹在树皮下或地面枯枝落叶处越冬。第1代美国白蛾要经过10~20天孵化。幼虫孵化后吐丝结网,群集网幕中取食叶片,叶片被食尽后,幼虫移至枝杈或嫩枝的另一部分织一新网。幼虫有6~7个龄期,1~4龄幼虫多结网为害。1~2龄幼虫只取食叶肉,使叶片呈透明纱网状,3龄幼虫开始将叶片咬成缺刻。3龄前的幼虫群集在

桑树上的美国白蛾幼虫

29

美国白蛾老熟幼虫

一个网幕内为害，4龄幼虫开始分成若干个小群体，形成几个网幕，藏匿其中取食，网幕为乳黄色，可达50厘米长。4、5龄后的幼虫开始脱离网幕，分散为害，食量大增，进入暴食阶段。进入6～7龄为老熟幼虫。

美国白蛾幼虫发育的最适温度为23～26℃，相对湿度为70％～80％。幼虫有较强的耐饥性，5龄以上的幼虫9～15天不取食仍能够存活并继续发育，并能爬附于交通工具上进行远距离传播。化蛹前，老熟幼虫停止取食，并开始吐丝作茧化蛹。茧薄，灰色，杂有体毛构成。第1、2代蛹多集中在寄主树干老皮下的缝隙内，部分在树冠下的枯枝落叶层中、石块下或土壤表层内。第3代蛹则较为分散，多在建筑物缝隙中、树干缝隙中、附近的草堆或其他隐蔽处越冬。

美国白蛾7月下旬开始第二次羽化，第2代卵要经过7～10天孵化。8月上旬第2代幼虫开始为害，它比第1代幼虫对树木长势的影响更为严重。第2代老熟幼虫多爬到树木、农作物或杂草上取食为害，有的可爬到数百米远，然后化蛹越冬完成生活史。

美国白蛾成虫白色，体长12～15厘米，翅展25～28厘米。雄虫触角双栉齿状。多数前翅上有几个褐色斑点。雌虫触角锯齿状，前翅纯白色。成虫羽化期可持续一个多月，成虫大量羽化时，温度一般在18～19℃。成虫飞翔力不强，雄成虫趋光性较强，而雌成虫较弱，在各种光线中以对紫外线的趋性最强。因此，黑光灯仍能诱到一定量的成虫，并多为雄虫。雌成虫交配前很少活动，但会微抬双腿，腹部上翘，而雄虫却十分活跃，寻找雌虫交配。

大自然的巧妙安排

对于美国白蛾的猖狂进犯，用一场"战争"来形容人们阻击美国白蛾的行动，并不为过。既然是"战争"，人们就得跟"侵略者"斗智斗勇，而掌握先进的"武器"是取得这场胜利的先决条件。

美国白蛾在我国各疫区之所以造成严重危害，主要原因是缺乏天敌。在原产地，美国白蛾受到50多种寄生性天敌昆虫、34种捕食性生物以及多种病原微生物的有效控制。所以，在我国寻找到美国白蛾的有效天敌，利用天敌进行生物防治，是最绿色环保的。

为此，我国科学家通过野外观测和在实验室内进行饲养研究，共发现了对付美国白蛾的27种天敌昆虫，包括捕食性天敌和寄生性

美国白蛾的幼虫疯狂地
啃食叶片并吓到路人

美国白蛾茧

天敌,经过不断地筛选,终于锁定了一种对付美国白蛾最有效的天敌——白蛾周氏啮小蜂。

白蛾周氏啮小蜂是我国科学家发现的1个新种,身长仅1毫米,无蜂针,不攻击人,对美国白蛾等鳞翅目有害昆虫"情有独钟"。它们群集寄生于美国白蛾的蛹内,把美国白蛾的蛹当作自己生活的"家",其卵、幼虫、蛹及刚羽化的成虫均在这个"家"里生活。它们把美国白蛾蛹中的血淋巴和器官等作为自己的食物。在发育至老熟幼虫期时将美国白蛾蛹杀死,然后在它的空蛹壳中化蛹,成蜂羽化后咬破寄主蛹壳飞出,再去寻找美国白蛾蛹,建立新"家"。让我们看看白蛾周氏啮小蜂都使出了哪些招数:

未飞先孕:白蛾周氏啮小蜂羽化后,雌蜂待在寄主蛹内2～3天,在这段时间,雌雄小蜂进行交配,1头雄蜂可与多头雌蜂交配,但雌蜂却只交配一次。等到寄主蛹内所有的雌蜂都与雄蜂交配后,就会有1头健壮的雌蜂在寄主蛹壳上咬一圆孔而爬到寄主体外,随后所有的

美国白蛾蛹

32

个体均从这个小孔逐个爬出。爬出过程也十分有趣：先是头部伸出小孔，随后足伸出作为支点，而后将整个身体探出。一般1头雌蜂从孔中爬出的时间约为0.5～1分钟。由于雄蜂个体大，口器又无咀嚼功能，因而只能利用雌蜂开的孔口最后爬出。但往往当头部从孔中伸出后，身体却被卡住，所以费时较长，一般需10分钟左右。有时它会由于颈部在孔口处被卡住而困死，真是可怜。好在它已经完成了自己"传宗接代"的使命。

拔苗助长：羽化后的雌蜂当天即可飞翔，并争先恐后地寻找躲在树木上的作战对象——已化蛹的美国白蛾。如果它找到的是美国白蛾老熟幼虫，就会趴附在老熟幼虫的身体上，时断时续地刺蜇它的身体，注入毒液，促进其早日化蛹，以便于自己产卵寄生。这种情况下，美国白蛾老熟幼

柞蚕蛹内的白蛾周氏啮小蜂幼虫

美国白蛾雄虫

虫就可以提前4～6天化蛹。

捉对厮杀：白蛾周氏啮小蜂雌蜂用强有力的上颚，咬破寄主蛹体外的薄茧，将卵产于茧内的蛹体上。寄主作茧时将雌蜂包在茧内，一旦寄主化蛹，雌蜂即开始产卵。它们先用产卵器慢慢刺入蛹体，然后将全部产卵器深深插入蛹体内的组织中，产卵时间可长达6～10小时。产卵完毕拔出产卵器后，它们往往会吸食寄主从被刺处渗出的血淋巴。雌蜂在寄主体上产卵的部位不定，产卵时若受惊扰，能很快拔出产卵器，稍后再另觅新的产卵部位继续产卵。通常一头雌蜂即可歼灭一头美国白蛾蛹。

穷追猛打：美国白蛾生育能力强，白蛾周氏啮小蜂也不甘示弱。白蛾周氏啮小蜂一头雌蜂最多产卵680粒。刚刚产下的卵像一个白色半透明的小牡蛎，但在1小时左右后就会吸水膨大，比初产时的3倍还要多，经2～3天卵就孵化为幼虫。白蛾周氏啮小蜂的幼虫为蛆形，无头无足，它们自由地生活在寄主蛹内，开始时只以寄主的血淋巴为食，以后随着身体的长大，逐渐取食寄主的器官组织。经7～8天，寄主蛹内所有的器官组织几乎被取食殆尽。待寄主体内的器官、组织被取食一空后，它们便在寄主的空蛹壳内化蛹。

百里挑一：白蛾周氏啮小蜂幼虫在取食时有自相残杀的习性，这取决于寄主个体的大小。若寄主个体较大，则内含的营养物质多，它们自相残杀的现象就少。自相残杀时，往往是发育健壮的幼虫将体形弱小的个体杀死，这样就保证了有限的营养物质供给"最强者"。所以，与美国白蛾作战的都是精英部队。

白蛾周氏啮小蜂能否保持对美国白蛾的高压打击态势，取决于它在自然界中能否维持较高的种群数量。大自然就是这么的神奇，给白蛾周氏啮小蜂安排了很多寄主。它在自然界中可以寄生多种鳞翅目食叶害虫，包括美国白蛾、大袋蛾、柳毒蛾、榆毒蛾、国槐尺蛾、杨扇舟蛾和桃剑纹夜蛾等，这为白蛾周氏啮小蜂自然繁殖，并在自然界中保持较高的种群数量创造了有利条件。在野外，白蛾周氏啮小蜂以老熟幼虫在美国白蛾蛹中越冬，翌年4月下旬5月初成蜂羽化，可转移寄生杨扇舟蛾、杨小舟蛾、大袋蛾和榆毒蛾等食叶鳞翅目害虫的蛹。白蛾周氏啮小蜂一年发生7代，而美国白蛾一年仅发生2代（部分地区可发生3代）。白蛾周氏啮小蜂除寄生在这2代（或3代）美国白蛾蛹中外，其余各代便在其他几种寄主的蛹中寄生，从而能够保

美国白蛾可以爬上人类
的交通工具进行扩散

35

持较高的种群数量，达到对美国白蛾的持续控制。同时，白蛾周氏啮小蜂也对其他林木食叶害虫具有一定的控制作用，在林木害虫生物防治方面有着广阔的利用前景。

"排兵布将"，释放天敌

从上面的描述来看，白蛾周氏啮小蜂简直就是我们人类最好的朋友了！那么，我们该怎样才能让它的种群茁壮成长，并且随时随地满足我们的需要呢？

近年来，在城市的行道树，或者在小区的绿化树的树杈上或树干基部，经常出现一个个用大头针或图钉固定在树干上的椭圆形、米色的"小鸟蛋"。这些"小鸟蛋"其实就是一个柞蚕蛹，在坚韧的外壳有茧蒂的两端各被削出一个硬币大小的孔，透过孔就可看到壳里面胀鼓鼓的黑红色蚕蛹。

原来，通过大量的实验，科学家找到了一个适宜繁蜂的替代寄主——柞蚕蛹。柞蚕蛹个体大，营养丰富，出蜂量大，而且繁殖出的白蛾周氏啮小蜂个体大小正常、寄生力

释放白蛾周氏啮小蜂

强。而柞蚕蛹取材方便，成本低廉，是繁育白蛾周氏啮小蜂的最佳中间寄主，因此是理想的繁蜂替代寄主。另外，家蚕蛹易采集和饲养，作为白蛾周氏啮小蜂人工大量多代繁殖的复壮寄主材料，也是比较理想的。

白蛾周氏啮小蜂成虫

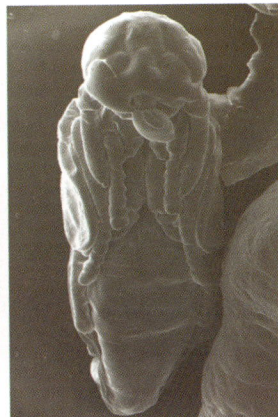

电子显微镜下的白蛾周氏啮小蜂蛹

因此，这个"小鸟蛋"就是白蛾周氏啮小蜂的蜂房，里面住着密密麻麻的白蛾周氏啮小蜂。释放时，将"小鸟蛋"出口的堵塞物打开，它们就会从"小鸟蛋"上的开口处破茧而出。每个"小鸟蛋"里面能飞出5000头白蛾周氏啮小蜂。然后，这些"天兵天将"就会依循其本能，寻找并寄生在美国白蛾的蛹内，繁衍后代，从而起到控制美国白蛾的危害的作用。

白蛾周氏啮小蜂成蜂存活时间最多为21天，一般都在15天以内。一般每分钟从孔中爬出约1～2头雌蜂，最快时爬出4头，个别的雌蜂还有从出蜂孔回到原来蛹内的情况。按每个寄生柞蚕蛹含5000只白蛾周氏啮小蜂计算，出蜂的时间大约在4天之内，如果这些天气温偏低，出蜂的时间还要延长。白蛾周氏啮小蜂飞翔力很强，水平飞行距离一次可达大约45米，垂直飞行一次可达大约35米。

美国白蛾老熟幼虫期和化蛹初期是白蛾周氏啮小蜂最佳的放蜂期。因此放蜂可分两次进行：第一次在美国白蛾老熟幼虫期，第二次在蛹期。有时由于美国白蛾发育历期不整齐，化蛹持续时间长，可增加放蜂次数，每次放蜂间隔7～10天为宜。白蛾周氏啮小蜂成蜂的趋光性很强，因而放蜂时应选择晴朗无风的天气、湿度较小的上午10时至下午4时之间比较适宜。此时光线充足，湿度小，有利于雌蜂飞行寻找寄主。

狭路相逢勇者胜

在以白蛾周氏啮小蜂为代表的寄生性天敌捷报频传时，美国白蛾的捕食性天敌也攻城拔寨，起到了极大的限制作用。所以，保护和利用捕食性天敌一直都是生物防治手段的一项重要内容。

美国白蛾卵期的主要天敌为大草蛉、中华草蛉、丽草蛉、异色瓢虫、七星瓢虫、泛希姬蝽等。幼虫期的天敌主要有20多种蜘蛛，包括机敏漏斗蛛、三突花蟹蛛、鞍形花蟹蛛、刺附逍遥蛛、钝疣胸蛛、温室球腹蛛等。凹翅宽额步甲的成虫、幼虫主要捕食美国白蛾幼虫。成虫大多在晚间取食，捕食时，对美国白蛾低龄幼虫几乎是整体吞食；而对老龄幼虫只是吸取它的体液。幼虫喜欢钻入被美国白蛾幼虫卷叶的网幕内捕食群集生活的幼虫，其捕食数量随虫龄增大而递增。另外，美国白蛾幼虫的其他天敌还有蟾蜍、林蛙等两栖动物和鸟类等。美国白蛾蛹的捕食性天敌主要为步甲、蚂蚁和蜘蛛等；成虫的捕食性天敌以鸟类和蜘蛛为主。在美国白蛾泛滥的林区，人们可以采取放养柴鸡来防治美国白蛾，尤其是在美国白蛾的幼虫阶段，鸡群将会吃掉下树化蛹的老熟幼虫，可减少它们对林区的危害。

蝎敌是一种广谱性的能捕食各类昆虫的天敌昆虫，隶属于半翅目蝽科蝽亚科，在农作物田间和林间能够捕食各类昆虫，主要捕食幼虫和若虫，也捕

戴胜（鸟）

蟾蜍

林蛙

美国白蛾的捕食性天敌

食成虫和蛹等。捕食的种类除了美国白蛾之外，还有卷叶蛾、蚜虫、叶蝉、棉铃虫、棉小造桥虫、象甲、瓢虫、榆掌舟蛾、榆毒蛾、榆蓝叶甲等大量的鞘翅目、半翅目、鳞翅目类昆虫。

蠋敌一般情况下白天取食，夜间较少取食。在野外，蠋敌若虫一般会进入美国白蛾幼虫网幕中，潜入幼虫群集的网丝之间或叶面，伺机捕食幼虫。捕食时，先用前足抓住美国白蛾幼虫头部后方的前胸背面或侧面，使其头部不能转动，然后将口器刺入美国白蛾幼虫体内。一般口器刺入的部位多为幼虫的头部。蠋敌若虫的口器共有4节，其中第1节最短，尖细，呈长三角形尖刀状；第2～4节渐宽厚。刺入时，蠋敌若虫的口器对准美国白蛾幼虫头壳正前方中间相对松软的部位插入，有时候也会直接插入幼虫黑色头壳的侧面，这时幼虫主要是腹部剧烈挣扎，其头部则被捉住基本不能动。蠋敌若虫口器的第1节几乎在瞬间刺入其头壳的内部，然后口器的第2～4节依次嵌入，历时约5～10秒。然后，蠋敌若虫可能会分泌一定量的毒素，渐渐使之中毒麻痹。此时，美国白蛾幼虫急剧挣扎，蠋敌若虫的口器便拔出，约待20秒美国白蛾幼虫基本停止挣扎时，蠋敌若虫口器会在原部位再行刺入，这次用时较上次明显缩短，约为3～5秒，而幼虫也会再次挣扎，但力度已经远远不如上次那么明显，而且口中或伤口处还会流出小滴液体。如此反复进行，最终将美国白蛾幼虫完全吃掉。

如果幼虫的虫龄较高、虫体较大，一般需刺吸2～4次才能使其停止挣扎、静止直到死亡；而虫龄低、虫体小时，仅需刺吸1～2次就可致其死亡，任由蠋敌吸食。取食时，蠋敌的口器会有节奏地伸缩进出，一般1秒钟一个来回，主要以第1～2节伸入虫体内部，第3～4节多在虫体之外。取食完1头幼虫时，蠋敌的腹部会明显肿胀饱满，而幼虫的体液全部被吸干后，虫体皱缩，只剩一层外表皮。

蠋敌若虫

39

梨树

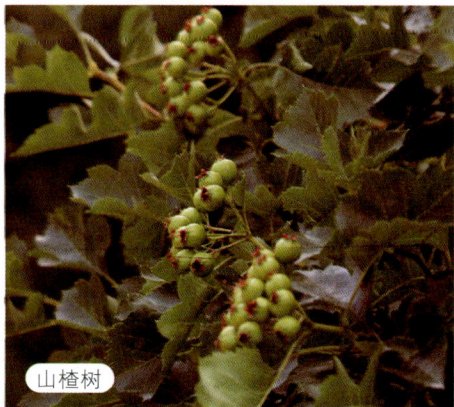

山楂树

美国白蛾的寄主

千方百计，招招致敌

目前已知美国白蛾的致病微生物很多，主要有细菌、真菌、病毒和病原线虫四大类，它们都在防治技术中得到了不同程度的应用。其中针对美国白蛾的病原微生物研究得最为深入、而且能大面积广泛应用的主要是苏芸金杆菌。但是，至今为止尚未发现美国白蛾的专性寄生的细菌。

美国白蛾核型多角体病毒（HcNPV）是由活虫感染病毒致病后，经提取、浓缩沉淀、添加各种助剂加工制成。美国白蛾感染病毒后，病毒会逐步侵染虫体全身细胞，使虫体组织化脓而死亡。该病毒可通过死亡并液化的美国白蛾宿主，再接触活体美国白蛾而使它们感染；或者由鸟类吃掉感染病毒的美国白蛾后，通过排出的粪便再侵染周围健康的美国白蛾，引起"害虫瘟"，导致其种群中大量个体死亡。该病毒专一性强，且可传给寄主后代，不污染环境，对人、家禽、家畜和有益昆虫不造成危害，不伤害其他天敌，能有效控制美国白蛾种群繁衍。

大多数昆虫种类由雌虫释放性信息素来唤起雄虫的求偶反应，引诱远处雄虫前来交配。也有一些种类由雄虫近距离释放性信息素激发雌虫性欲，并阻止同种其他雄虫与之进行交配。

以美国白蛾性信息素诱捕美国白蛾雄性成虫，可以减少美国白蛾雌成虫交配概率，降低下一代的虫口密度，达到控制美国白蛾危害的目的。目前，我国已经开始进行将人工合成的美国白蛾性信息素应用于成虫发生期监测、种群动态监测、疫区扩散蔓延趋势监测、防治效果检查及大量诱杀等方面的研究。美国白蛾性信息素具有专一性强、灵敏度高、对天敌无害、不污染环境等优点，有着极高的推广价值及广阔的应用前景。

由于美国白蛾多发生在城市居民区、公园绿化树、行道树以及果树、蔬菜等经济作物上，不能使用对环境、人畜有害的化学农药；在沿海城市有很多的水产养殖（虾、蟹等）业，因而那些所谓对环境较安全的仿生型农药（如灭幼脲系列等）也不能使用。

紫茎泽兰

为改变目前美国白蛾防治常采用有机磷类、菊酯类等化学农药及少量仿生药剂的现状，科研人员进行了植物杀虫剂——绿灵防治美国白蛾幼虫的药效试验。植物杀虫剂毒性低，对人体基本无害，对天敌亦比较安全，且不易使害虫产生抗药性，对环境污染小，符合环保要求，宜在村庄、厂矿、码头等人口密集区使用。

紫茎泽兰是一种难以根除的外来入侵恶性杂草，科学家用紫茎泽兰乙醇提取物对美国白蛾幼虫的生物活性进行测定，结果表明其会引起美国白蛾幼虫体内解毒酶系的剧烈变化。因此，以紫茎泽兰为原材料开发新型生物农药有其广泛应用前景。

人海战术，抗击"侵略者"

对于阻击外来物种入侵的"战争"来说，充分发动群众，发挥人多力量大的优势，让"侵略者"陷入"人民战争"的汪洋大海，仍然是我国的一个传统优势。

具体到控制美国白蛾，我们可以组织广大农民、城镇离退休人员等一切可以利用的人力资源，在美国白蛾的不同虫态进行人工

外来物种和外来入侵物种

外来物种是指在一定的区域内，历史上没有自然分布，而是直接或间接被人类活动所引入的物种。当外来物种在自然或半自然的生境中定居并繁衍和扩散，因而改变或威胁本区域的生物多样性，破坏当地环境、经济甚至危害人体健康的时候，就成为外来入侵物种。

捕捉。

由于美国白蛾具有很强的繁殖力，每只成虫可产卵800～2000粒，所以消灭1只成虫，就等于消灭了上千只美国白蛾幼虫。同时，根据刚羽化出的美国白蛾成虫对直立物体具明显的趋性、成虫交配时需11～16小时不食不动等特性，可进行人工捕捉，能取得事半功倍的防治效果。采用电击灭蛾灯、佳多频振式杀虫灯、昆虫诱捕器等进行诱杀效果明显，是防治美国白蛾成虫的理想方法，尤其适于在城市、风景区等人多的地方应用。

另外，美国白蛾幼虫4龄以前群居网内取食，结网时间长达20天左右，故可人工摘除美国白蛾网幕。发现网幕后，用高枝剪将网连同小枝一起剪下。剪网时要特别注意不要造成破网，避免网内幼虫漏出。美国白蛾幼虫老熟时常沿树干向下爬，寻找隐蔽处化蛹，可于此时在树干距地面1米处，用草把将树干围起来，诱集老熟幼虫在此处化蛹。由于老熟幼虫化蛹不整齐，在其化蛹期可每隔7～9天换一次草把，然后将解下的草把集中烧毁或深埋。美国白蛾一般产卵于树叶背面，卵以单层排列成块状，一个卵块400～600

昆虫诱捕器

粒,上覆有白色鳞毛。发现这样的叶片应立即剪下,喷药或烧毁。

美国白蛾能危害法桐、桑树、葡萄、枣等300多种农林植物。各种树木的粗皮、翘皮以及裂缝中,常常隐藏着美国白蛾的蛹,冬刮树皮可以将它们集中消灭,减轻来年的虫口密度。

（杨红珍）

深度阅读

张向欣,王正军. 2009. 外来入侵种美国白蛾的研究进展. 安徽农业科学, 37(l): 215-219, 236.

高岚,李兰英. 2009. 外来森林有害生物入侵的环境经济影响评估方法与指标体系的研究.

　　　1-261. 中国林业出版社.

关玲,陶万强. 2011. 美国白蛾实用防治技术. 1-45. 中国林业出版社.

郑雅楠,祁令玉等. 2012. 白蛾周氏啮小蜂(Chouioia cunea Yang)的研究和生物防治应用进展.

　　　中国生物防治学报, 28(2): 275-281.

环境保护部自然生态保护司. 2012. 中国自然环境入侵生物. 1-174. 中国环境科学出版社.

张青文,刘小侠. 2013. 农业入侵害虫的可持续治理. 1-395. 中国农业大学出版社.

豚草

Ambrosia artemisiifolia L.

利用天敌昆虫控制有害生物不能局限于单一利用模式,可以多管齐下,利用不同天敌昆虫在空间和资源生态位上的异质性,将它们联合使用,充分发挥不同天敌昆虫的优势,取长补短。联合控制的豚草生物防治体系一旦成功建立,将能够可持续地控制豚草的危害,取得长久的效果。

植物江湖的"头号杀手"

金庸大师的武侠作品《射雕英雄传》在中国可以说是家喻户晓，我从孩提时代还不识字时就观看了电视剧版的《射雕英雄传》，其中让我印象深刻的不仅有郭靖这个能弯弓射雕、武艺高强的英雄好汉，还有四位老英雄同样是在武林中声名显赫，让人闻风丧胆，那就是根据居住地理方位的不同并称的"东邪西毒南帝北丐"。除此之外，"南慕容北乔峰"、"南拳北腿"等在不同时期的江湖中也都赫赫有名，可见能并称"南北"的必定是非常强大且势均力敌的人物。

现如今，在外来入侵植物的江湖中竟也流传着这样的封号，叫作"南紫北豚"。南紫指的是遍布在我国南方各地的紫茎泽兰，而北

《射雕英雄传》

豚草

豚指的是蔓延在我国北方地区的豚草。这个封号并没有夸大其词,准确地说,它是经过官方验证的,因为2003年国家提出了"南紫北豚"的治理策略和口号,对称霸植物江湖的"头号杀手"发出了"诛杀令":"人人得而诛之""斩尽杀绝"!

紫茎泽兰

在这里,我要和大家讲述的是"北豚"——豚草的故事,让朋友们更了解这位来自异邦、给我国农作物带来巨大灾害、同时也影响我们身体健康的"不速之客"。不过,豚草虽然被称为"北豚",其影响力却并不仅局限于我国北方,在南方很多地区也有涉足,只是它在北方的名声更为响亮而已。

近年来,只要提到豚草,人们便会把它与"植物杀手""植物恶魔""枯草热的始作俑者"等称号联系起来,可见它的名声一片狼藉,简直可以用"臭名昭著"来形容。那么,豚草是否天生就不招人喜欢呢?让我们还原一下豚草原本的尊容。

南紫

北豚

南方

北方

"南拳北腿"在江湖中赫赫有名,在外来入侵植物中也流传着"南紫北豚"的封号

豚草花穗

　　豚草的故乡在美国西南部和墨西哥北部的索诺兰沙漠地区。在那里，它安分守己、繁衍子孙，守护着沙漠，可以称作"沙漠卫士"，形象高大、令人敬仰。它在那里度过了漫长而平静的岁月。生活在那里的人们万万也没有想到，他们身边忠诚的"沙漠卫士"有朝一日会变成"植物杀手"，成为一种全球性的公害植物。它所到之处，当地植物不仅"退避三舍"，更有甚者从此"销声匿迹"，因此让世界许多国家的人民恨得牙根痒痒。

　　同一种植物为何前后反差这么大？那是因为它离开故乡后，浪迹天涯，没有行侠仗义，去守护沙漠，而是侵害各地的本土植物，欺负弱小、滥杀无辜，因此它被称为"植物杀手"是恰如其分的。

　　介绍了这么多，到底这位"植物杀手"是何尊容，就请它粉墨登场吧！

　　豚草隶属于双子叶植物纲菊科豚草属，该属在全世界共有41种，其中北美洲有31种、南美洲有8种、欧洲有1种、非洲有1种、亚洲有2种。豚草家族成员众多，但并不是所有成员都"嗜杀成性"。入侵到我国境内并造成巨大危害的豚草是这两位：普通豚草 *Ambrosia artemisiifolia* L.和三裂叶豚草 *A. trifida* L.，其中入侵范围广的是普通豚草，三裂叶豚草则主要入侵东北和京、津地区。在这些地方，这两种豚草多呈混生状态。

　　普通豚草，一般称豚草，又名艾叶破布草和美洲艾。它是一年生草木植物，株高50～150厘米，生长条件好的植株可以长到2米以上，也算是草本植物界的高个子了。茎粗0.3～3厘米，有多个分枝，茎多为绿色，也有的呈暗红色，通常有纵条棱，粗糙，布满带瘤基的硬毛。叶具2～4厘米短柄，植物下部的叶对生，上部叶互生，叶片呈羽毛状细裂，很像是艾草的叶子，所以又得名艾叶破布草；又因为它是个来自美洲的"外来户"，也被称为美洲艾。

　　豚草的茎上有数目众多的分枝，而花穗由每个枝顶伸出，直冲向上，花穗大部分为雄花，犹如一盏盏倒挂的小绿盆排列于穗轴上。每个绿盆中有十几朵小黄花，待花由灯泡状开裂成五瓣后，即散发出花粉。花穗数目众多，每个花穗上的头状花序也有几十个之多，且每个头状花序又有十几朵小花，通过这些数据，我们可以大致想象出花粉的数量是十分惊人的。比如北京周边目前被豚草包围，待到夏末秋初时节，豚草的雄花花粉成熟之时，必定会形成"京城无处不飞花"的壮观景象。豚草雄花会释放出大量花粉，若摇曳植株就能看见黄雾般的花粉散落，遇风四处飘散。当然，这并不是我们想要看到的结

住宅区旁边的豚草

果，因为它不是给人们带来"视觉盛宴"，而是来刺激我们的鼻子，引起过敏性呼吸系统疾病。再来看雌花：花穗基部的叶腋中密集排列着若干雌花，每个雌花被包在一个囊状总苞中，伸出总苞的两条须状物即为柱头。柱头接受花粉，子房受精发育成果实，外边的总苞木质化形成坚硬的外壳保护着内部的果实。

豚草的"堂兄弟"——三裂叶豚草通常长得更为粗壮高大，有的株高可达2.5～3米，可以算是草本植物中的"姚明"了。当然，并不是所有的三裂叶豚草都能长成高个儿。它最大的特点是叶片为三裂状，边缘有锯齿，叶脉上毛较长，用手摸有强烈的粗糙感。

豚草的适应性极广。它千百年来生活在水热条件十分苛刻的沙漠地区。众所周知，沙漠地区气候干燥、降水极少、蒸发强烈，能在这种严酷的自然条件下生长的植物必须具有足够的"坚强意志"和"聪明才智"，否则将被沙漠"无情地淘汰"。它们就像植物界的"特种兵"，经受住了最严酷的考验，自然能适应各种不同肥力、酸碱度的土壤，以及不同的温度、光照等自然条件。不论是在酸度重的黄土、垃圾坑、污泥中，或碱性大的石灰土、石灰渣、石砾、墙缝里及无光照的树荫下，均能游刃有余，自由生长。

豚草再生力极强。茎、节、枝、根都可长出不定根，扦插压条后能形成新的植株，经铲除、切割后剩下的地上残条部分，仍可迅速重发新枝。它的繁殖期参差不齐，交错重叠。出苗期从3月中下旬开始一直可延续到10月下旬，历时7个月之久；早、晚熟型豚草繁殖期相差1个多月。这都是造成繁殖期不整齐、交错重叠的直接原因。

豚草的叶子

庞大的"后花园"

豚草能离开美洲大陆，漫游世界，并成为在世界上"声名大噪"的"植物杀手"，靠的就是它产生的一粒粒小小的种子。它的种子很善于"伪装自己"，由于"个头儿"较小，很容易附着在一些交通工具或混杂在口岸进出口农产品里，在人们还没有意识到它是个危险分子的时候就开始到处旅行了。现在各国海关的检疫部门都有它的"逮捕令"，"画影图形"来捉拿它。据我国上海、塘沽、大连等港口的统计，由美国、加拿大、澳大利亚进口的小麦中都含有大量的豚草种子。

三裂叶豚草的叶子

豚草种子的近距离传播靠流水、人与动物的行动或农事活动等来帮忙。人和动物在无意间就会被豚草所利用，成为它"为非作歹"的"帮凶"。它的种子可能会粘在人的鞋底或动物的皮毛上，被带到别的地方。流水也能作为种子的载体，种子在水中漂浮，随水流而下，可以漂到许多地方，再停泊靠岸、落地生根。

由于具有多种传播途径，且繁殖能力强，豚草目前已扩散蔓延到北纬55°至南纬30°之间的许多国家和地区。目前它的"版图"真是非常壮观，可以说是"称霸世界"了。例如，在美洲，美国、加拿大、墨西哥、危地马拉、古巴、牙买加、秘鲁、巴西、玻利维亚、巴拉圭、智利、阿根廷等国家中均能发现它的"倩影"；在欧洲，法国、德国、瑞士、瑞典、意大利、奥地利、匈牙利、塞尔维亚、乌克兰、俄罗斯、白俄罗斯均遭受到了它的入侵；在非洲，埃及、利比亚、突尼斯、塞内加尔、几内亚等国家也在它的扩张版图之内；在亚洲，缅甸、马来西亚、越南、印度、巴基斯坦、土库曼斯坦、菲律宾、日本、中国也是它的领地；当然大洋洲的澳大利亚也未能幸免。在它眼中，五大洲都是"后花园"，在哪里都可以生根发芽，不存在水土不服的问题。

位于东亚的中国，对于来自北美洲的豚草来讲，是一个非常适宜的新家园。机缘巧合，豚草于20世纪30年代传入我国。几十年过去了，经过侵入、定居、稳定、扩散这一外来入侵物种共有的入侵过程，它在我国的辽宁、吉林、黑龙江、河北、河南、山东、北京、天津、江苏、浙江、上海、江西、湖南、湖北、安徽、新疆等省市区蔓延，无论路

豚草的叶和花序

旁、水沟旁、荒地、河岸、农田、菜地、果园、林地、风景旅游区、山地、草场和院落等处，都能找到它的身影。

第二次世界大战不仅给世界各国造成了众多的人员伤亡和巨大的经济损失，还给一些植物的传播提供了绝好的契机。其中，侵华日军需要长途跋涉，虽然当时已经有了汽车和火车，但战马在战争中依然扮演着重要的角色。战马需要马料，运送粮草的士兵把马料从日本运往中国，而豚草就混迹在马料当中，神不知鬼不觉地就从日本来到了中国。此外，侵华日军为了把坦克掩藏起来不被发现，就用植物把坦克装扮起来，而在这些植物中可能也有豚草。日军侵华不仅给中国人民造成了巨大的伤害和苦难，而且还带来了"植物杀手"豚草，为中国生态环境种下了无穷的后患。

近年来，随着我国加入WTO，国际贸易和交流大大增加，也有一些豚草的种子随农作物的大量进口而混入我国，并在部分地区迅速传播、蔓延。

"杀手"发飙

不知道大家有没有听说过"枯草热"这种病？它还有一个更普遍的名字叫"花粉热"，是一种因吸入外界花粉而引起的过敏性疾病。患者一天到晚不停地咳嗽、流鼻涕，头痛胸闷，还伴有严重的肺

气肿和哮喘，而且周身发痒。由于呼吸困难而不能平卧，患者往往痛苦得不能自抑，把自己抓得遍体鳞伤，甚至可能由于其他并发症而导致死亡。这么严重的过敏性疾病，与豚草又有何关系呢？其实，这种疾病的始作俑者就是树木、花草开花后所释放的花粉，而豚草在其中为恶最甚。

让我们看一下它的具体罪状。据国外有关资料介绍，每立方米空气中如果存在30～50粒豚草花粉，就能诱发花粉病。1株豚草1年产生的花粉在20克左右，摇曳一下植株就能看见黄雾般的花粉散落。花粉成熟后主要以风为媒介传播，在干燥的天气里，花粉最远可送达10多千米远。因此，即使远离豚草的过敏反应者，也有被其花粉侵袭的可能。在俄罗斯的克拉斯诺达尔地区，每到豚草开花时约有1/7的人因花粉过敏而丧失劳动能力；日本大阪每到6～7月份，大批居民为躲避花粉病而外出旅游，采取"走为上计"才能避过此劫；墨西哥的所有过敏性疾病患者中，有23%～31%是由花粉引起的；美国每年因豚草患病者高达1460万人，人人"闻"之色变。在我国，南京市的哮喘人群中，60%以上是由豚草花粉引起的。豚草发生严重的地区如沈阳，哮喘发病率高达1.52%。我国人口相对集中于东部沿海一带，如果豚草对我国这一地区产生危害，以发病率1%来算，每年的受害者将达到1000多万，由其造成的经济损失将是难以估计的。

三裂叶豚草的花序

53

山沟里的三裂叶豚草

　　这些铁一般的事实摆在眼前，相信豚草是"跳进黄河也洗不清"的。豚草花粉是人类变态反应症的主要过敏源之一，所引起的"枯草热"给全世界人们的健康都带来了极大危害。豚草不仅严重威胁人类健康，还对农作物产生巨大危害。由于其生长迅速，竞争性强，常常造成农田大面积荒芜。世界各国为铲除豚草，每年都投入大量资金，但迄今仍未得到彻底解决。这种植物生长势头极强，可以压倒其他一年生植物，独霸一方土地，破坏植物的多样性。在豚草疯长的地区，可造成农田出现大量减产，甚至颗粒无收。例如，在1平方米的玉米地中，只要有30～50株豚草苗，玉米将减产30%～40%；当豚草数量增加到每平方米50～100株时，玉米几乎颗粒无收。还有，当大豆田中每行每10米有4株豚草时，可使每公顷大豆减产达100多千克。它与大豆之间还存在一种有趣的规则：如果在大豆生长季的前4周保持无豚草为害，大豆产量不会显著降低；如果豚草与大豆一起出苗，第8周它的株高平均比大豆高25厘米，这样就能截获阳光，引起大豆减产。

　　豚草侵入的农田大都是禾谷类作物及中耕作物田，在非耕地大多生长在山沟、公路和铁路沿线、河流及渠道两侧、住宅区和其他非农业经济用地；特别是近期受干扰的地带，豚草最宜侵入，形成单一的优势种群。在黏土、沙土和粉沙土混合的土壤中生长良好，最适宜土壤类型是沙壤土和沙质黏壤。在pH值6.0～7.0的土壤中，植株生长旺盛，而在强酸性土壤中生长的植株活力较差，植株矮小。

豚草根系庞大，吸肥吸水能力强，这也是它能生活在沙漠中的主要原因。在禾谷类作物田中，豚草的耗水量是作物的2倍。如果每平方米土地上平均生长10株豚草，那么每公顷土地上水的损耗量多达24吨，相当于200毫米的降雨量，这足以导致土壤干旱。

此外，豚草还通过竞争扼杀蜜源植物，而它抽出的椭圆形花穗又没有明显的花瓣，开花时只有个别蜜蜂前去采集，因而对养蜂业的影响是极为不利的。

"杀手"的"武器"

能成为称霸世界的植物杀手，必定会有它的"撒手锏"，否则很难在"植物江湖"中占有一席之地。豚草被称为世界级的"植物杀手"，如此的"臭名昭著"，到底有什么绝招可以将其他植物杀于无形中呢？让我们细数一下它的秘密武器吧！

豚草作为菊科大家族中的一员，"头状花序"这一菊科植物的标志性特征自然是必不可少的。在菊科这个家族庞大、种类众多的科中，头状花序的数目差异很大，有的种类只有顶端长一个花序，而有

三裂叶豚草的花序

的种类是由多个头状花序组合成聚伞状、团伞状或总状花序。而本文介绍的主人公——豚草的花序分为雄头状花序和雌头状花序,雄花序在上,雌花序在雄花序下面或下部的叶腋单生,或2～3个密集成团伞状花序。雄花序有隔日开花的习性,开花的时间在每日的6～10时,7～11时散发花粉和授粉,11时后闭花。若遇阴雨天气就不开花,转晴后可接连开花2～3天,然后恢复隔日开花习性。每个雄花序每次只开2～5朵小花,共开2～4次。雄花阴雨天不开花的主要原因是由于空气中的湿度大,所以,在晴天的清晨对雄花喷水或在水中浸泡一下,可完全抑制雄花在当天开花散发花粉。雌花的数量是非常庞大的,虽然豚草的结籽量与环境条件密切相关,但一般单株结籽量为800～1200粒,多的可达1.5万～3万粒。

豚草不但能产生数目惊人的果实,果实上还有精巧的构造便于它的传播呢!那就是果实顶端有尖角,可以刺入轮胎、鞋底或其他物品上,随交通工具散布;豚草的果实还可随流水传播,也可通过这个尖角粘在鸟类、牲畜身上,随动物传播到更广阔的地方。

豚草在种群维持上具有特殊的策略:一般植物当年的种子在第2年全部发芽,但豚草的种子可能只有一半在第2年发芽,剩下的第3、第4年陆续发芽。国外有研究表明,豚草的种子在地下埋了40年后依旧可以发芽。从生长的角度看,豚草的这种生长布局后劲无穷,在与其他植物争光、争水、争肥中占据了优势。

　　豚草不但能通过有性繁殖来繁衍后代,还可以通过无性繁殖来扩充家族的成员。豚草再生力极强,用"野火烧不尽,春风吹又生"来形容是十分恰当的。豚草就像一位掌握克隆技术的大师一样,用它身体的各个部位都能克隆出新个体。《西游记》中的孙悟空武功高强,法力无边,遇到敌众我寡的不利局势时,他就会揪下一撮毫毛,刹那间幻化出无数个自身,战斗力瞬时增强。豚草的法术与孙悟空的这一点相比较,有过之而无不及,它周身各个部分都可以长出不定根,扦插压条后能形成新的植株,也就是说用茎、节、枝、根都可以进行无性繁殖,即使经铲除、切割后剩下的地上残条部分,仍可迅速地重发新枝。

　　豚草在与本地种竞争的过程中,采用外来入侵植物所共有的"撒手锏"——化感作用来抑制本地种的生长。豚草在自然条件下通过挥发、茎叶雨水淋溶和根分泌的化学物质——萜类化合物,对邻近和伴生植物具有显著的化感作用。

豚草种子可通过粘在鸟儿的身体上进行传播

豚草的挥发油成分中共有28种化合物,其中萜烯类有21种,占所有成分的75%。而三裂叶豚草的挥发油成分中共有41种化合物,其中有11种萜烯类物质,占挥发油总量的15.99%。前面我们提到,豚草还有极强的吸水吸肥能力。它能混杂在所有旱地作物中生长,特别是在玉米、大豆、向日葵、大麻等作物中,可以消耗大量的肥力,导致作物大面积荒芜,甚至绝收。

向"杀手"宣战

　　2003年国家提出"南紫北豚"的治理措施,但豚草的防除非常困难,不能靠单一的方法,应建立在其生长规律和生物学特征的基础上,以生物防治为主,结合人工防除、化学防除进行综合治理,而且须坚持不懈。

豚草的花序

    人工拔除是现阶段有效控制豚草的主要手段。这种方法非常讲究时机,最佳时期是豚草生长前期的4～10对叶期间,即5月下旬～6月末。此时豚草不仅便于识别,而且主侧根较少,易于拔除;豚草进入快速生长期时,根系庞大,要采取人工割除,割除时要贴近地面,但一定要在开花之前进行,避免花粉危害人体健康。割除的茎叶要深埋或烧毁,铲除和拔除的豚草要马上晒干烧掉,以免再次生长。人工拔除的方法见效比较快,尽管耗时耗力,需要年年防治,但依然是目前有效防除的主要手段。

    喷洒除草剂防除豚草,可省工、省时、省力,是比较实用的方法。化学防治的优点是防治面积大而且见效快,但由于豚草种子具有休眠的特性,化学防治经过一段时间后,在原地仍会有豚草种子萌发,且长期大量使用除草剂不仅造成了环境污染,还破坏了生态平衡,因此化学防治最好少用。

    利用经济植物取代豚草种群,进行替代控制是一个好办法。能长期抑制豚草,保持水土,提高环境质量,不仅获取经济产品,还能提

高土壤利用率。可在铁路和公路两侧、旅游观光区等种植小灌木,主要有紫穗槐、沙棘、紫丁香、胡枝子。此外,还可种植多年生草本植物,如草地早熟禾、菊芋、小冠花、百脉根、紫苜蓿等。

外来植物入侵成灾的原因很多,其中很重要的一条是它们由原产地入侵到新的地方时,它们的天敌却没有相应地跟过来,生物链上缺少抑制它们生长的一环,因而造成了局部地区的生态失衡。所以,筛选和引入外来入侵植物原产地的食性专一、不为害其他植物的天敌,让它们在新的生活环境下建立种群,自我繁殖、自我扩散,长期控制外来入侵植物,建立有害植物与天敌之间的相互制约机制,恢复和保持生态平衡。

因此,我国自20世纪60年代中期开始,在豚草的原产地北美洲搜寻它的天敌,并且于1987～1990年先后从国外引进了豚草条纹叶甲、豚草卷蛾、豚草夜蛾、豚草实蝇和豚草蓟马等5种天敌昆虫,并经过在北京、辽宁、湖南等地进行的实验研究,确定豚草条纹叶甲、豚草卷蛾两种比较适于在我国控制豚草的蔓延和危害。

豚草条纹叶甲的幼虫、成虫均取食豚草的叶片,成虫还可取食花序,生活史与豚草同步,扩散蔓延速度快,而且可在释放地定殖,是一种对豚草具有强大控制潜力的天敌昆虫,对豚草具有显著的控制效果。因此,豚草条纹叶甲有望在我国北方释放区建立自然种群并成为控制豚草的重要天敌,但它也有一个很大的不足,就是不取食在我国东北广泛分布的三裂叶豚草。

与豚草条纹叶甲相比,豚草卷蛾不仅能控制豚草,也是三裂叶豚草、银胶菊等恶性杂草的天敌昆虫,而且其在农作物和其他杂草上不易寄生。因此,它具有寄主专一性、生态适应性较强、种群发展速度快和控害能力强等特点,是控制豚草的一种有效天敌。

豚草卷蛾是一种小型的黑色飞蛾,体长只有7毫米左右,翅展为14毫米左右。它是一种以幼虫钻蛀豚草茎,且在茎内完成幼虫和蛹期发育的重要天敌昆虫。雌虫将卵单个产于豚草叶片或茎上,卵粒在3～5天内孵化。幼虫前胸硬皮板发达,进退灵活,利于钻蛀。初孵幼虫开始两天取食叶片,然后钻蛀豚草嫩茎,咬食茎髓部,并在茎内

公路边的豚草

形成虫道,内有虫粪。它一般是蛀入叶腋处的茎或进入腋芽和顶芽,在虫道内向上或向下蛀食,为害茎,形成长10～15毫米的纺锤形虫瘿,即人们常说的"虫子包"。一棵植株虫瘿里一般有4～7条幼虫,蛀食后期造成顶芽枯萎变黑下垂。幼虫有吐丝下垂习性,一般在夜间活动。幼虫进入茎4～6周后老熟,便先咬出一个羽化孔,然后吐丝用虫粪和排泄物堵塞虫孔,再开始在茎内化蛹。羽化后,它便咬破羽化孔出来,然后开始交配、产卵。豚草卷蛾有世代重叠现象,在虫瘿里有各龄幼虫和蛹,这为人们利用多代豚草卷蛾控制豚草蔓延提供了有利条件。

豚草卷蛾主要钻蛀为害豚草的嫩枝、嫩梢,所以能抑制豚草的生长势头,明显降低植株的高度和生活力。虽然豚草的侧芽能萌发,但推迟了开花的日期,也减少了花粉和种子量。受害豚草初期生长缓慢,后期会出现死头现象,不能开花结实。虫口密度较大时,整个植株将死亡。随后,豚草卷蛾转移到另外一棵植株进行蛀食。豚草卷蛾成虫的扩散能力较强,可随风传播至

豚草卷蛾在对豚草的控制方面起到很好的作用。一株豚草死亡后,它们就自行转移到附近的其他豚草植株上继续取食

20千米以外的地域，年扩散速度可达160千米。

广聚萤叶甲是豚草的另一种有效的叶甲类天敌昆虫，其幼虫和成虫都喜欢取食豚草叶片，寄主专一性较强，虽可少量地取食向日葵和苍耳等本地植物，但不为害，因而可有效抑制豚草的扩散和蔓延。

广聚萤叶甲原产于北美洲，近几年传入我国，最早是于2001年在南京被人们无意间发现的，从而丰富了可用于豚草生物防治的潜在天敌资源。

广聚萤叶甲成虫通体黄褐色，有淡色和深色两种类型，头部背面中央具一条黑色纵带，前胸背板有3个常连在一起的黑褐色斑，鞘翅背面具多条黑色纵条纹。它们常聚集取食豚草叶片，在植株间有群集扩散的习性。秋末成虫交配，积累脂肪，然后离开寄主去越冬。雌虫产卵一般可持续几周，每1～3天在寄主叶背上产一簇卵，卵梨形，淡黄色至橘黄色，卵粒聚集成块。初孵幼虫暗色，蜕皮后颜色变淡，3龄幼虫淡褐色，均喜欢在完全展开的新叶上取食。幼虫老熟后在寄主叶片上或分叉处结茧化蛹，完成一个世代约29天。

广聚萤叶甲具有较强的繁殖力，对豚草具有较好的防治效果。广聚萤叶甲发生数量多，基本导致豚草枯死，控害作用显著。

广聚萤叶甲在我国分布广泛，其潜在分布区北至辽宁，南至海南；而且华东、华南和西南大部分地区都是其适宜的分布区域，这与豚草在我国的分布区域大部分重叠。因此，在我国利用广聚萤叶甲建立持久的自然制约因素，阻止豚草扩散蔓延，是一种很有希望的控制途径。

此外，豚草的天敌还有漫泽兰蓟马、二黑条豚叶甲、苍耳螟等昆虫，以及不少可导致豚草发病的病原微生物，如白锈菌、苍耳锈菌等。

利用天敌昆虫控制有害生物不能局限于单一利用模式，

三裂叶豚草的花序

可以多管齐下。根据生态位和种间竞争理论，可将两种天敌昆虫联合使用，充分发掘不同天敌昆虫的优点，取长补短。例如，豚草卷蛾和广聚萤叶甲可对豚草产生较好的联合控制效果。前者以幼虫钻蛀豚草嫩茎，在茎内蛀食为害，后者以成虫和幼虫取食豚草叶片，它们同时还具有很强的繁殖力和自行寻找寄主资源的扩散能力。因此，二者联合控制的豚草生物防治体系一旦成功建立，将能够持续地控制豚草的发生为害，并取得长久的效果。

广聚萤叶甲

此外，豚草卷蛾与苍耳螟在对豚草的防控上也有很好的互补作用。豚草卷蛾幼虫总是从枝的叶腋或生长点蛀入后形成虫瘿，取食其中的薄壁组织；苍耳螟幼虫一般不从叶腋处蛀入，而是降低被取食枝的生活力或使其死亡。豚草死亡后，它们均能自行转移扩散至释放区附近的其他豚草植株上取食。

综上所述，虽然各单一措施在豚草种群控制中发挥着积极的作用，但它们也各自存在缺陷。因此，我们应以"组合拳"出击，以达到最理想的效果。

（毕海燕）

深度阅读

万方浩, 郑小波, 郭建英. 2005. 重要农林外来入侵物种的生物学与控制. 1-820. 科学出版社.

张国良, 曹坳程, 付卫东. 2010. 农业重大外来入侵生物应急防控技术指南. 1-780. 科学出版社.

曾珂, 朱玉琼, 刘家熙. 2010. 豚草属植物研究进展. 草业学报, 19(4): 212-219.

王娟, 邓旭, 谭济才. 2011. 外来入侵豚草综合治理研究进展. 湖南农业科学, 2011(1): 78-81.

赵梅婷, 郭建英等. 2012. 豚草天敌昆虫的安全性评价及应用前景展望. 中国生物防治学报, 28(3): 424-429.

环境保护部自然生态保护司. 2012. 中国自然环境入侵生物. 1-174. 中国环境科学出版社.

假高粱

Sorghum halepense (L.) Pers.

如何有效地防控假高粱的蔓延不是一朝一夕的事，而是一次人与植物的持久的"战争"。俗话说"真的假不了，假的真不了"，假高粱，已经命中注定，子子孙孙都要背着这个"假"的名声活下去了，关键是看我们人类如何把它的危害程度降低，如何实现它与其周围的植物和谐相处，这确实是一个非常重大的课题，需要我们认真思考。

大豆

玉米

甘蔗

假高粱为害的主要作物

农田里的"害群之马"

　　"假"的基本意思是不真实的,与"真"相对。在社会上,人们摒弃假恶丑,倡导真善美,但是在人们的生活中,假的事情还是很现实地存在着,并一直在影响着我们的生活。假的事情的确危害不少,如果一个人说了假话,便会遭到鄙视,严重的会使人丧失了自身的信用。商家为了获取更多的经济利润,制作假的商品,会遭到人们的唾弃,也会受到道德和法律的双重惩罚。

　　如果你曾经有买过假货的经历,你一定深深领会了它的危害。如果你买的是一件假的日常用品,那会造成经济上的损失,或者会给你的心理造成打击。如果你买的是假的食品,这就不单是经济上和心理上的损失了,它还会危害你的身体健康。因此,我们理所当然对假的东西深恶痛绝,必除之而后快。

　　在植物的世界里,也有"假货"。我们今天所要说的主角——假高粱便是其中之一。从名字来看,你便可知它是冒充传统的粮食作物高粱的"假货",也可能因为它的外貌酷似高粱而得名。但是,它却不单单在高粱地里与真正的高粱一起混生,而且也和许多其他农作物生长在一起,玉米地里有

假高粱的茎和叶

它，大豆地里有它，甘蔗田里有它，甚至一些荒野地里也有它，可以说它是无处不在。目前，它已在世界上至少有50多个国家和地区存在，真的可以称之为周游世界的一棵小草。但它的存在，着实危害着农作物的生长，因此被定为世界级的农田里的"害群之马"。

假高粱虽然名字中有一个"假"字，但它的确是真正的隶属于禾本科高粱属的多年生草本植物，具有禾本科植物的一般特征，比如茎有节与节间，节间中空，又称为秆；叶子具叶鞘和叶舌，不具叶柄，条状或者带状，具有平行叶脉；通常能够在茎的基部生出多个分蘖枝；花序是由多个小穗组成复合圆锥花序；果实通常为颖果，种子产量较大等特征。这些特征也是它能够以假乱真的基础。假高粱植株高0.5～3米，一般为1.5～1.8米，整个植株分为7～8节，地下具有匍匐根状茎，叶互生，线状披针形，光滑；叶脉明显，在叶背隆起，叶缘具细锯齿。圆锥花序直立，紫红色，分枝轮生，小穗在花序3级分枝轴上成对着生，其中一个不育，另一个为结实小穗，结实小穗仅有1枚小花发

卡尔·冯·林奈

育完全。雄蕊3枚,雌蕊1枚,结实小穗在总状花序上呈三角形排列;结实小穗成熟后自小穗顶部脱落,颖果呈倒卵形至椭圆形,黄褐色。

假高粱的学名最早是由瑞典植物学家林奈于1753年定名,名字为*Holcus halepensis*,到了1794年,德国植物学家Conrad Moench将此种植物划分到禾本科另一个属*Sorghum*,于是假高粱的学名改为*Sorghum halepensis*,根据植物学命名法规,*Sorghum halepense* (L.) Pers.成为了假高粱的世界通用的合法学名。假高粱的名字还有很多,在不同的国家有不同的名称,在同一个国家也有不同的名称。曾用于假高粱的英文名称就有40多个。

假高粱紫红色的花

假高粱较早传入美国,早期的英文名称也不规范。1840年一个名字叫作C.W. Johnson的农场主将假高粱种子从外地带回并在自己的农场大量种植,从此他的名字就成了这种植物的名字。此外,还有根据地名来为它命名的,众多的英文名字使假高粱出现了很多同物异名现象,造成资料交流和查阅不便,甚至产生混乱。一直到1880年以后,英文名字johnson grass才得到了普遍采用,后来虽然在字母大小写及连字符的使用等方面略有不同,但基本上没有大的变化。

小穗

假高粱曾在我国的福建、广东、海南和台湾等地有过被采集记录,但在20世纪50年代后未见有新的报道。目前普遍认为,假高粱是在20世纪80年代,随着我国改革开放,国际贸易增加,其种子混在进口粮食中进入我国,之后又在我国境内随着粮食的调运,才在全国各地泛滥成灾的。在我国,假高粱这一名称最早出现于20世纪50年代出版的植物志中,目前这个名称使用较多,名字的来源尚需考证。假高粱的其他中文名字也有很多,大多根据拉丁文或英文的音译和意译而来,如石茅、阿拉伯高粱、约翰逊草、宿根高粱、詹森、顾买草、琼生草、宿根须芒草、石茅高粱等,在台湾它还被称为强生草。而约翰逊草多用在饲用植物育种等领域。

超强的繁殖能力

　　小小一株草，名字如此众多，可见关注它的人并不少，这也是它能够游历于世界各地的一个原因，从这一点上也说明它堪称一个世界级别的小草，具有"明星范儿"。假高粱适应性强，可以生长在多种不同的地方，比如耕地、荒地、路边、田边等，灌溉渠边和被灌溉的大田边是它最喜欢生长的地方。假高粱在水稻土、菜园土、黄土及潮汛淹不到的滩涂等地，亦能繁衍，即便在沟渠、水田中，也有部分开花结实。假高粱顽强的适应能力超乎想象，它甚至可生长在铁路路基的乱石堆中或路边严重板结的土壤中。

假高粱

　　假高粱的这种超乎世人想象的生存能力，与它具有超强的繁殖能力有关。它不但具有一般植物所具有的种子繁殖能力，还可以通过地下根茎进行营养繁殖。假高粱具有圆锥花序，由多个小穗组成，在不同的环境条件下，无柄小穗的数量有所不同，从37个到352个不等。在以色列，种植在田园的假高粱植株在2个生长季后，种子的产量平均为84克，每株产28000粒种子。在美国密西西比州，平均每株每个生长季生产种子则可达1.1千克！

　　假高粱种子的传播方式也是多种多样，种子成熟后，自身的落粒便是最原始的传播方式，此外还可以通过水、风等混入饲料和谷粒中，或附着在农田使用的各种设备上，或通过家禽、家畜、野生动物的

猪

鸡

鸭

假高粱可作为禽、畜的饲料

活动以及它们的摄入物来传播。假高粱就这样利用多种传播手段，进行短距离和长距离传播种子，占领土地，繁衍生息。

假高粱的种子具有很强的抗逆性。假高粱种子在土壤中埋藏2.5年之后，仍有60%～75%保存有生命力；种子埋藏5年后，仍有50%的种子具有生命力；假高粱种子干燥储藏7年后，仍能保留活力。假高粱种子被猪、鸡、鸭吞食后不会被全部消化，随粪便排出后，仍具有很高的萌发率。

假高粱还具有充满活力和高度适应性的根状茎，是其生长在地下的一个强大的系统。有研究估测，每公顷面积的假高粱可产生600千米的根状茎，重达33千克。在一个生长季节，每株假高粱可产生70米长、5000个节的根状茎。

强大的地下根状茎不仅具有贮存碳水化合物的营养器官的作用，而且还有生殖器官的作用，可以进行繁殖，形成植株。地下根状茎生长快速，可以快速形成多个分蘖芽，进而长成植株，一粒种子所形成的一株植株，可分蘖形成群集丛生的一束，3个月内便可开花结实。地下茎也具有极强的抗干旱能力，将挖出的地下茎在混凝土地面暴晒3～5天后，埋回土里，仍可重新形成新的植株。

俗话说"有备而无患"，假高粱经过多年的演化发展，形成了自己独特的生存方式。如果环境条件比较好，地下根茎上面的芽本来可以全部萌发生长，但为了有效保存自己的实力，即使在有利的条件下，假高粱的一部分芽依然不活动。它会等待，在遇到暂时逆境条件时救自己一命。这些适应环境的策略，也是假高粱能够遍及全球的强大武器之一。

凭借自身的各种本领,假高粱游遍了世界,在欧洲、亚洲、非洲、北美洲、南美洲和大洋洲都可以见到它的身影。全世界53个国家报道它为害30种不同农作物,它徜徉在以色列、巴基斯坦、秘鲁、土耳其、委内瑞拉、菲律宾和美国的稻田里,散布在印度、南非、秘鲁和美国夏威夷的甘蔗园中,游荡在智利、希腊、美国、以色列、意大利、墨西哥、波兰和罗马尼亚的玉米田中,安家落户在澳大利亚、阿根廷、希腊、黎巴嫩和西班牙的葡萄园里。它还出现在许多其他经济类作物的田地里,如智利的苜蓿园,希腊、意大利的甜菜田,以色列、巴基斯坦的花生田,美国的果园、花生、大豆和高粱田,阿根廷、美国夏威夷、墨西哥的菜园,墨西哥的大豆和水稻田,哥伦比亚的高粱田,黎巴嫩的香蕉园和果园,阿根廷和土耳其的果园。此外假高粱还是咖啡、菠萝、大麦、牧草地及马铃薯和剑麻田中的常见杂草。

假高粱出现在各种农作物和经济作物的田地里,并不是以友好的身份,而是以"侵略者"的面目出现的。它会施展各种本领,占领资源,排斥本地植物或农作物的生长。假高粱的侵略性很强,可以形成密集传播区,并使其他植物窒息。大多数假高粱常常在3年内迅速变成杂草带,大多数植物生存的位置,会被假高粱

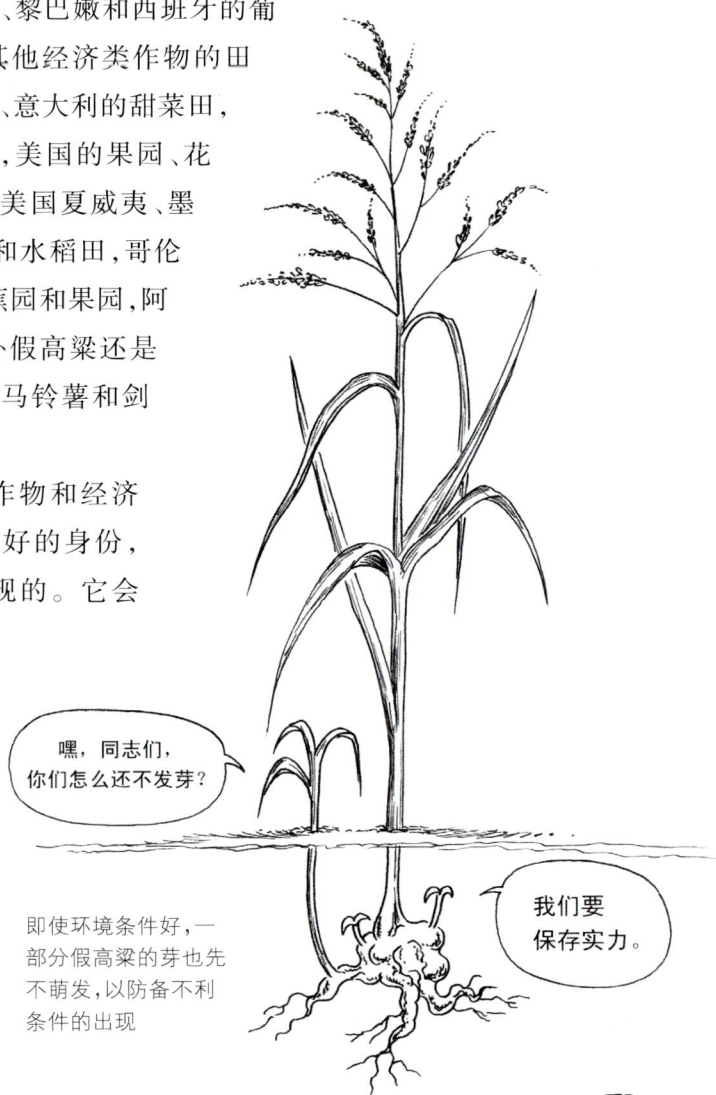

> 嘿,同志们,你们怎么还不发芽?

> 我们要保存实力。

即使环境条件好,一部分假高粱的芽也先不萌发,以防备不利条件的出现

73

花生田

高粱田

玉米田

假高粱为害的主要农作物

重新替换并占据。

假高粱出现的地方：在地下，它会不断生长出强大的根状茎，短短几周的时间便会在土壤中形成自己庞大的地下根状茎系统，强占土壤资源，与农作物争夺土壤中的养分；在地上，它生长旺盛，植株高大，与农作物争夺阳光，最后导致农作物因生长不良而减产。据报道，在美国由于假高粱侵扰，可使甘蔗的产量减产25%～50%，大豆减产23%～42%，玉米减产12%～33%，棉花减产50%。假高粱的竞争能力与其生长迅速有关，它耗尽了土壤中其他植物所需的基本营养物质，以致其他植物无法生长。

另外，假高粱根的分泌物和腐烂的根、茎、叶产生的物质，能够影响多种农作物的生长发育和土壤微生物的生长发育数量，而且假高粱易与高粱属其他品种杂交，使作物产量降低、品质变劣。它还可作为多种作物病虫害的中间寄主或转主寄主，引起水稻条纹叶枯病、甘蔗花叶病等病害的发生。在苗期和高温干旱等不良条件下，假高粱体内能够产生氢氰酸，使误食它的牲畜中毒。

鉴于假高粱的种种不良行为，特别是其对农业生产所造成的严重危害，目前它已经成为欧洲、亚洲、非洲、美洲、大洋洲大多数农业区最难防除的有害杂草，也被列为世界十大恶性杂草之一，并被包括我国在内的很多国家列为检疫对象。假高粱也是我国国家环境保护总局2003年发布的我国第一批外来入侵物种之一，是我国禁止输入的检疫性有害生物。

在人们未了解假高粱的恶行之前,它曾作为牧草利用,并因此带来了严重的后果。如美国在20世纪初将假高粱作为牧草引入,造成它在美国传播蔓延,政府不得不对它采取严格的防治措施,至今仍未消除其危害。阿根廷也曾经引进假高粱作为饲草栽培,造成它在作物田中传播蔓延,带来了严重的危害,每年要耗费巨额资金对它进行防除,已是得不偿失。

外来物种入侵的危害

外来物种成功入侵后,会压制或排挤本地物种,形成单一优势种群,危及本地物种的生存,导致生物多样性的丧失,破坏当地环境、自然景观及生态系统,威胁农林业生产和交通业、旅游业等,危害人体健康,给人类的经济、文化、社会等方面造成严重损失。

假高粱虽然已经臭名远扬,但是它还是没有停止漫游世界的脚步。假高粱属于短日照植物,一般在14小时以上的光照条件下,基本不开花,但在北纬55°,那里日照长度为16小时以上,却也有假高粱的分布。科学家分析了假高粱在全世界可能生存的区域,结果发现,除了目前其实际分布的区域外,假高粱在世界上的分布还远远没有达到它的分布极限,还有进一步扩散的潜能,目前尚未遭受假高粱危害的国家和地区要提高风险防控意识。

如何防治

假高粱的足迹遍布全世界,从它的原产地地中海地区经中东到印度、中国、澳大利亚及其邻近岛屿、中美洲以及美国沿岸,其危害都十分严重。如何防治假高粱的蔓延是全世界都要面临的一个重要课题。

种子繁殖是假高粱的主要繁殖方式,控制种子的传播对于防控其继续蔓延非常重要。假高粱的种子可随播种材料或商品粮的调运而传播,而且在其成熟季节可随动物、农具、流水等传播到新的地区。所以要利用草籽清除设备,努力避免它通过食物、动物用草垫和

对混杂在粮食中的假高粱种子，可使用风车等工具将它们汰除干净，以免随种子调运而传播

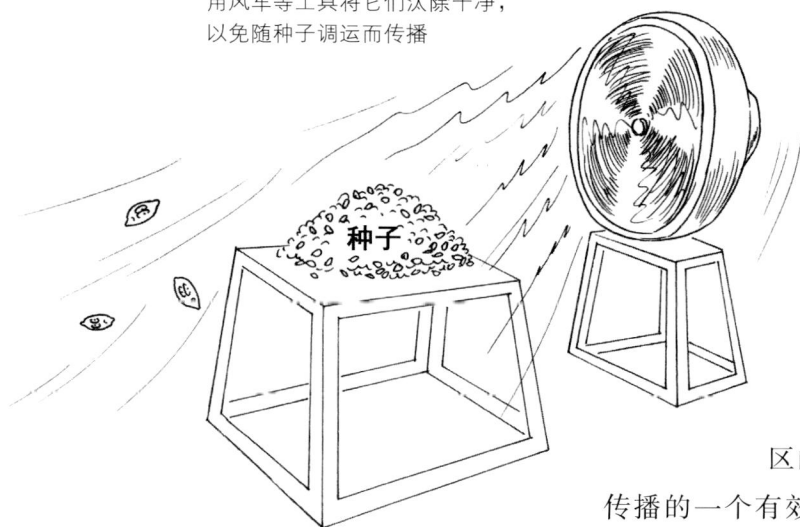

种子

农田器具进入新的地区；切断带有假高粱种子的流水，会起到阻隔种子继续传播的效果。在假高粱花序出现之前，对植物体进行处理，可以减少假高粱种子在入侵地区的产量，也是限制其传播的一个有效措施。另外，还需加强植物检疫，一切带有假高粱的播种材料或商品粮及其他作物等，都需按植物检疫规定严加控制。对混杂在粮食作物以及苜蓿等经济作物种子中的假高粱种子，应使用风车、选种机等工具汰除干净，以免随种子调运而传播。

对于已经扩散成灾的假高粱种群，多采取物理防除、化学防除和生物防除等措施。物理防除主要针对少量发现的假高粱，采取人工挖掘法清除所有的根茎，集中销毁，以防其蔓延。这种方法费时费力，效率低，但不会对环境产生污染，适合对小面积的假高粱种群进行防治。对于已经大面积发生的假高粱，可以化学防治手段为主。对于假高粱不同的生长阶段，以及不同生长环境，应用不同的化学防治方法，可选择使用茅草枯、拿捕净、氟乐灵、草甘膦、稳杀得、盖草能和菌达灭等化学试剂进行防除。但是在实施时要选择晴天，避免高温气候，药剂要当天配当天用，以免药效降低。施药1个月左右仍有残留根状茎的，应通过人工挖掘毁掉根状茎，或在植株具有一定叶面积时，补喷药剂，使假高粱发生的范围不断缩小。在农作物田中，选择除草剂的时候要小心，一方面要考虑到对假高粱具有清除的效果，另一方面要考虑药剂对农作物的危害，同时配合人工挖出地下根茎，集中销毁，这样才能保证清除干净。另外，对于已发现假高粱的

作物田，可结合中耕除草，将其连根拔掉，集中销毁。根据假高粱的特性，其根茎不耐高温，也不耐低温和干旱，可配合田间管理进行伏耕和秋耕，让地下的根茎暴露在高温或低温、干旱的环境下杀死。在灌溉地区亦可采用暂时积水的办法，以降低它的生长和繁殖。

生物防治可以说是既环保，又可靠的手段，但是目前利用生物防治的方法大多数还处在研究和探讨阶段。有研究已经发现了一些假高粱的天敌，如芒蝇属的一些种类可以用不同方式侵害假高粱。另外还发现一些病毒也会感染假高粱植株，出现病变。

如何有效地防控假高粱的蔓延不是一朝一夕的事，需要全世界的科学家不断地探索新的方法和手段，这将是一次人与植物的持久"战争"。俗话说"假的真不了，真的假不了"，假高粱，已经命中注定，子子孙孙都要背着这个"假"的名声活下去了，关键是看我们人类如何把它的危害程度降低，如何实现它与其周围的植物和谐相处，这确实是一个非常重大的课题，需要我们认真思考。

（徐景先）

深度阅读

黄红娟,张朝贤等. 2008. 外来入侵杂草假高粱的化感潜力. 生态学杂志, 27(7): 1234-1237.

张国良,曹坳程,付卫东. 2010. 农业重大外来入侵生物应急防控技术指南. 1-780. 科学出版社.

万方浩,彭德良. 2010. 生物入侵：预警篇. 1-757. 科学出版社.

雷军成,徐海根. 2011. 外来入侵植物假高粱在我国的潜在分布区分析. 植物保护, 37(3): 87-92.

谢贵水,安锋. 2011. 海南外来入侵植物现状调查及防治对策. 1-118. 中国农业出版社.

环境保护部自然生态保护司. 2012. 中国自然环境入侵生物. 1-174. 中国环境科学出版社.

空心莲子草

Alternanthera philoxeroides (Mart.) Griseb.

对于空心莲子草的防控，话说起来轻松，做起来却不那么简单。它铁了心要在这片土地上安家落户，任你是人工铲除还是药物毒杀或者天敌围剿，总是顽强抵抗，不肯让出已经占领的阵地。所以，目前乃至将来很长的一段时间内，人们与它的战斗还将继续。

贵阳南明河

"东洋草"与"革命草"

"洪湖水呀，浪呀嘛浪打浪啊，洪湖岸边是呀嘛是家乡啊……人人都说天堂美，怎比我洪湖鱼米乡啊……"歌剧《洪湖赤卫队》中的这首著名的插曲，把洪湖描绘得比天堂还要美丽。的确，如果你有机会泛舟洪湖之上，观赏着荷叶深处那一群群悠闲的水鸟，品尝着嫩鲜的野莲，清风习习，烟波浩渺，好不逍遥自在。

然而，令人倾心的洪湖一度遭遇了严重的生态危机，湖面逐渐被大量的叫作水花生的植物所吞噬。站在洪湖岸边，放眼望去，浩浩荡荡的湖面上，水花生随波逐流，或缠绕在湖中的竹竿四周，或占据了大面积的湖面，或围绕着渔民养殖区搁浅的渔船。水花生在洪湖水面上迅速繁殖，面积也在不断扩大，甚至蔓延到洪湖的航道上。渔民在湖中行船时，也不得不多绕弯来回，以防水花生缠绕渔船的螺旋桨。

洪湖养殖区的渔民一般采用围网圈养鱼、养蟹。但随着成片的水花生逐年疯长，最终折断竹竿，"撕破"围网，鱼、蟹外逃，使渔民蒙受了很大的经济损失。由于水花生下的水体得不到阳光照射，使水体中的溶氧量减少，

知识点

浮游生物

浮游生物泛指在海洋、湖泊及河川等水域中，自身完全没有移动能力，或者有也非常弱，因而不能逆水流而动，而是浮在水中生活的漂浮生物，可分为浮游动物和浮游植物。浮游生物体形细小，大多数用肉眼看不见。浮游生物多种多样，特别是动物，几乎可以见到绝大多数动物类群：体形微小的原生动物、某些甲壳动物、软体动物和某些动物的幼体。从形态上看，因适应浮游，浮游生物体表常有复杂的突起，或在体内贮存着大量的油滴、脂肪和气体等。

也抑制了浮游生物的生长，破坏了水生生物的生态环境，导致鱼、虾大量死亡，水质发臭，渔民对此却束手无策。

事实上，岂止是洪湖，在湖北的四湖、梁子湖、长江故道，湖南的洞庭湖，有贵阳"母亲河"之称的南明河，济南的小清河等很多水域，水花生均已泛滥成灾。目前，水花生几乎已经遍及我国黄河流域以南的地区，包括山东、陕西、河南、湖北、湖南、江西、安徽、江苏、上海、浙江、福建、重庆、四川、贵州、云南、广西、广东和海南等地。

水花生是因为它的叶片形状跟花生叶片长得像，又喜欢长在水里，因而得名的。它是一种多年生宿根草本植物，叶对生，茎基部匍匐，上部伸展可达1米以上，端部直立，茎圆筒形，中间是空心的，

荷花

空心莲子草

花生叶片

所以它的"大名"叫作空心莲子草*Alternanthera philoxeroides*（Mart.）Griseb.。它的另外一个"常用名"是喜旱莲子草,表明这种植物"喜旱",也能在陆地上正常生长。因此,它是一种水陆两栖的杂草。

空心莲子草适宜在暖温带—热带湿润气候条件下生长,主要分布于各种淡水生态系统的水陆交界区域,如池塘、湖泊、水库、沟渠、淡水沼泽、河漫滩和河岸带等。根据水分状况,空心莲子草可以分为漂浮型、扎根挺水型和陆生型三类。典型形态为生长于水体边缘的簇生或大面积形成的毯状种群,在干旱的陆生环境下一般形成盘状或浓密的成片草垫状。

空心莲子草是一种外来植物,它的原产地是南美洲的巴西、巴拉圭和阿根廷南部一带。现在,它已广泛分布于温带及亚热带地区的美洲、大洋洲、亚洲和非

空心莲子草花

水生空心莲子草

陆生空心莲子草

洲的许多国家和地区,成为世界性的恶性入侵杂草。而它对我国的入侵,竟然和日本鬼子对我国的疯狂侵略有着直接的关系。1937年"七七"卢沟桥事变之后,日军在我国华北扩大战争的同时,又寻找借口,于"八一三"向上海发动了进攻。我国军民奋起抗战,经过惨烈的、

卢沟桥

历时三个月的浴血奋战,中国军队虽因武器装备极其落后等原因而失利,但他们的顽强抵抗,使日本人"三个月灭亡中国"的梦想破灭,为我国沿海工业的内迁赢得了时间,激发了中国军民的抗战热忱,这场淞沪会战对中国后来的抗战起到了难以估量的作用。日军侵占上海之后,用他们带过来的空心莲子草来喂军马,并将其作为专门的马饲料,在上海郊区引种栽培。因此,至今仍然有很多老人把这种外来的杂草叫作"东洋草"——东洋鬼子带来的草。

猪

20世纪50年代末,我国正值"大跃进"时期,全国上下一派热火朝天、欣欣向荣的景象,人们大干社会主义的热情空前高涨。当时的政策是"以粮为纲",要想多打粮,就得多积肥,而要多积肥,还得多养猪,猪能不能养好的关键,又在于有无充足的饲料。这时,有人看中了空心莲子草,东洋人可以用它来喂马,我们为什么不可以用来喂猪?于是,在"发展养猪事业,改善人民生活"的口号下,空心莲子草作为优良饲料在我国南方被广泛引种,大力推广。然而,空心莲子草却没有像人们期望的那样,成为农民养猪的主要饲料,因为猪吃了它并不怎么长肉。后来,就很少有人再用它来喂猪了,但是它却就此迅速向河流、水渠和稻田、果园、茶园、菜地蔓延,泛滥成灾。空心莲子草凭借自己超强的繁殖能力,迅速覆盖水面、堵塞航道,吞没农田、绞杀农作物,凡是它所能到达的地方,一律占为己有,颇有唯我独尊、一统天下的气势。它见水就生,入土则长。在地里,一不留神,它就能把农作物掩到由它织成的"网"下而置其于死地;在水中,它可以长得不顾一

马

空心莲子草的节点

切而使河道拥塞。它浑身上下都长满了"节点"，这些"节点"落地都可生根发芽，即使被猪、牛、羊等动物当成饲料吃了，随粪便排出来的没消化的部分照样可以存活，其顽强的生命力又使它得到了一个怪异的名字——"革命草"，这也算是人们对它不屈不挠、前赴后继的品性的一种"表彰"吧！

嚣张的个性

空心莲子草的根系很发达,地上部分繁茂,主要在农田、沟渠、空地、河道、鱼塘等环境中生长。在农田中,它与作物争夺水分、阳光、肥料以及生长空间,造成作物严重减产;在鱼塘等水生环境中,它生长繁殖迅速,由于覆盖水面导致水中溶解氧含量降低,它腐败后又污染水质,影响鱼虾生长和捕捞;在河道和沟渠中,它的生长会堵塞水道,降低水流速度,增加河道沉积,对水上交通和农田灌溉造成不利影响;它会污染水源,滋生蚊蝇,也为血吸虫和脑炎流感等病菌提供了滋生地,危害人类健康。它会吸附重金属等有害物质,死亡后沉入水底,又构成了对水质的二次污染。此外,空心莲子草往往通过无性繁殖在入侵区域形成单优种群,抑制和排挤本地植物,使群落物种单一化,破坏湿地、草坪的生态景观,降低生物多样性。

空心莲子草如此嚣张,是因为它在生态特性方面具有外来入侵物种的共同特点,即生态适应能力强、繁殖能力强和传播能力强。

温度是影响空心莲子草生存的众多环境因素中最重要的一个。空心莲子草正常萌发和生长的温度范围为 $10 \sim 40℃$,最适宜温度约为 $30℃$,低于 $5℃$ 不能发芽。在冬季气温降至 $0℃$ 的地区,空心莲子草的水面上或地上部分已冻死,但根依旧存活,春季温度回升至 $10℃$

空心莲子草就好像可以爬行一样进行扩散

87

时,水下或地下根茎即可萌发生长。空心莲子草耐低温,也耐高温,将其茎段暴晒1～2天后仍能存活。

空心莲子草是一种喜光植物,但也可以在10％全日照的遮阴环境下存活。它还可以在各种光照条件下定居、扩展并形成单优势种群。

土壤养分中对空心莲子草生存和发展有较大影响的是氮元素,尤其对它的无性繁殖方式有显著影响。氮元素含量增高,它的分枝强度、茎节长度、基株株长等都会有不同程度的增加。在氮元素贫瘠

的地区,空心莲子草根部的生物量大;而在氮元素充足的地区,空心莲子草茎叶生物量大,根部生物量变小。这种特性使得空心莲子草能适应不同氮条件的环境,增加了它的生态位宽度,潜在的可利用资源也随之增加,即便在多变的生态环境条件下,这种能力也会使其能够快速适应新的环境。

空心莲子草在原产地主要分布于淡水生境中,远离原产地之后,它的生境类型出现多样化,在陆生生境也可以发现其稳定种群,这说明空心莲子草对入侵地区不同生境条件具有高度的适应性。

河岸上的空心莲子草

科学家发现，不同生境的空心莲子草叶片的解剖结构表现出较大的差异，这些差异应该是其适应不同生境条件的结果，因此推断空心莲子草具有极高的结构可塑性，可以根据不同的生境改变自身的结构以适应入侵地的生境。

空心莲子草的主要繁殖方式是无性繁殖或营养繁殖，这一繁殖方式使得空心莲子草的任何一部分都可能成为新个体的起点。如植物体受到损害后，残败的枝叶一旦随着风、水流、动物活动等自然力量扩散到适宜生长的地区，就会迅速生长开来。而且，在水生生境中，尤其是流水型的水生生境，更有利于它的扩散。

另外，在陆生生境中，空心莲子

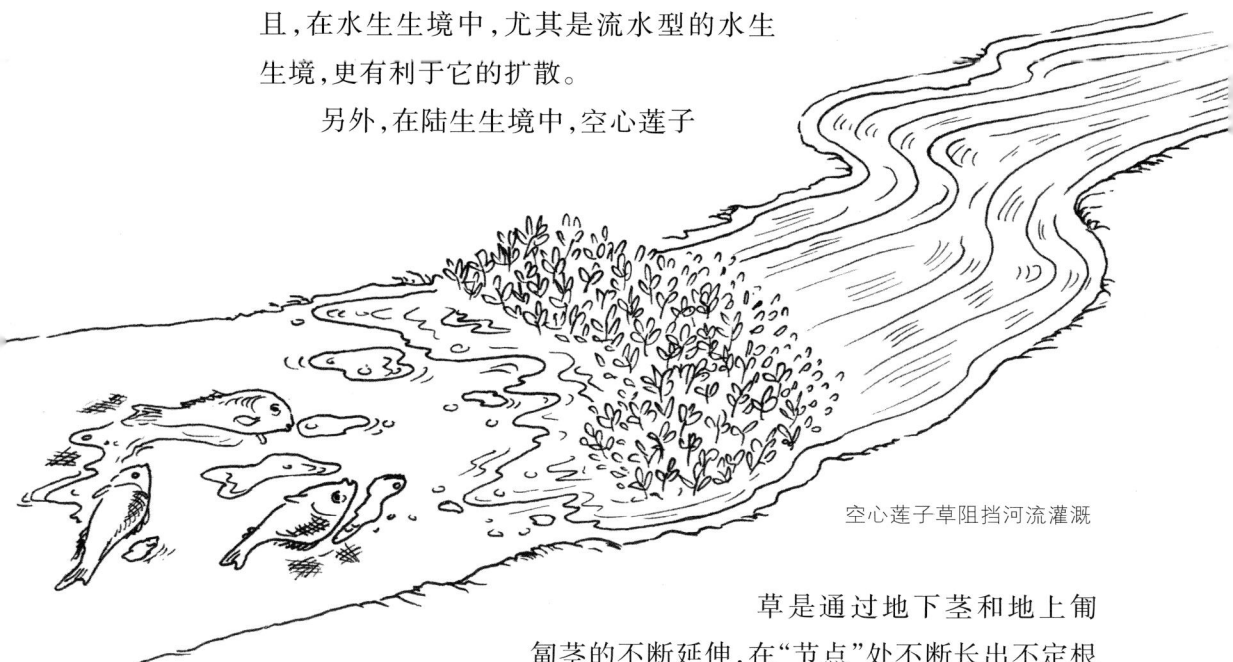

空心莲子草阻挡河流灌溉

草是通过地下茎和地上匍匐茎的不断延伸，在"节点"处不断长出不定根和产生新的分枝来进行扩散的。与其他植物相比，空心莲子草在入侵某一生境后能快速形成比较稳定的种群，从而提高了其入侵的成功率。

正因为空心莲子草的这一无性繁殖方式，其未腐败或未被取食者消化的茎段，进入农田后会造成二次危害。空心莲子草的每一"节点"处通常只有2～3个分枝，但当"节点"处受到外力折断后，在断裂的"节点"处可以成倍产生新的分枝，这一特性使得人工拔除不彻底时，不仅不能根除空心莲子草，反而会加重它的蔓延和扩散。

"赶尽杀绝"与"废物利用"

空心莲子草给人类带来了无尽的烦恼,对它的防除就成了当务之急。

针对空心莲子草的人工防治主要有两种:人工拔除和人工捕捞。人工拔除主要针对陆生空心莲子草,徒手拔除;人工捕捞主要针对河道内的空心莲子草,捕捞后将其根、茎、叶等营养部位进行集中焚烧销毁等,以防它更进一步扩散。这两种方法是杂草管理中比较常用的杂草防除办法,方便、安全,不过效率较低,并且有时并不能根除,只是将地上部分除去,但能在较短时间内起到明显效果。应用铲除机、打捞船等机械设备遏制空心莲子草蔓延效率更高,整个收集、打捞、粉碎、减容、存储、卸载等过程可以全部实现自动化,也节省了大量人力。

化学防治目前仍然是防控空心莲子草的重要手段。当前用来对空心莲子草进行化学防治的药剂主要有:草甘膦(农达)、氯氟吡氧乙酸(阔封、氟草烟、使它隆)、二甲四氯钠盐(使用有限)等,也可以混合使用水花生导弹、水花生净(甲磺·氯氟吡)等。但是,化学防控可能对其他植物产生危害,对环境产生污染。另外,空心莲子草地下根系发达,靠化学手段仅能杀灭地表的茎叶,不能从根本上解决其危害。

生物防治主要是依据有害生物与其天敌之间相互调节、相互制约的机制,来保护或恢复生态平衡的状态。生物防治的一般工作程序包括:原产地目标物种与其天敌的考察、采集天敌、天敌的安全性评价、天敌的检疫与引进、天敌的生物生态学特性研究、天敌的释放、天敌的效果评价。其中,天敌的安全性评价不可或缺,因为引进天敌来防治外来入侵物种也面临着一定的生态风险性,引入的天敌有可能成为新的外来入侵物种。

蝗虫

目前,我国已发现取食空心莲子草的天敌昆虫至少有几十种之多,仅在海南就有稻棘缘蝽象、中华稻蝗、短额负蝗、白条细蝗、条纹褐蝗、短角外斑腿蝗、褐背细蜢、莲草直胸跳甲、虾钳菜披龟甲、甜菜螟、豆卷叶螟、斜纹夜蛾、豆蚜等10多种。在空心莲子草众多天敌中,以原产于阿根廷的莲草直胸跳甲,也叫空心莲子草叶甲、曲纹叶甲,防治效果最为明显。它是1986年引入我国的,目前已在我国定居。成虫和幼虫均专门取食空心莲子草,而且食量大。它的连续取食,致使地上部分不能生长,地下部分没有营养积累,从而使草害得以控制。

短额负蝗

成虫终日取食,多集中取食空心莲子草的嫩叶,有时取食幼茎,常将空心莲子草吃得千疮百孔,严重时枯萎死亡。成虫会跳跃和飞行,飞行距离可达1米。它具有喜湿避光性,中午太阳强光照射时,它就转栖于叶子的背面。它是空心莲子草的专食性昆虫,虽能栖息于寄主周围的杂草和作物中,但不造成危害。

成虫白天黑夜均能交配产卵,一般一天产卵1块,每块有2～40粒。它的卵多产于叶子的背面,少量产于叶面。卵块呈正条形,卵呈八字形排列,单层,偶尔呈堆积凌乱的不规则状。卵期平均为5天,多在凌晨孵化。它的幼虫孵出后在卵块所在的叶片上取食一天或半天,然后向周围散去。幼虫有趋嫩性,主要取食心叶和第3～5片嫩叶,可控制它的上部幼嫩部分。取食量随幼虫的龄期而增加。老熟幼虫喜在较粗壮的茎内化蛹,蛹为淡黄色离蛹。它在草茎上咬破一个洞,进入茎内下部化蛹,阻止节间生长,摧毁植株,并能分泌有毒物质抑制植株生长,对寄主植物有致命的伤害。

莲草直胸跳甲引种后可自然繁殖,向周围迁移扩散,起到控制空心莲子草的作用。对空心莲子草为害比较严重,急需防治的地方,人们可通过室内大量繁殖莲草直胸跳甲,然后直接释放,进行重点防治。

应用莲草直胸跳甲防治陆生型空心莲子草,每亩的释放量为250～300头;防治水生型每亩的释放量为50～200头。释放时间如果是4月,当空心莲子草展叶后,日均气温为12℃左右时,应尽量选午间气温较高时段释放;如果在7～8月份,日均气温高于32℃时,应选择傍晚或早晨气温较低时段释放。在其他时期可以全天释放。

释放莲草直胸跳甲后30～45天内,每7～10天需要观察一次。若发现释放点莲草直胸跳甲数量增多,附近又没有足够的空心莲子草供其取食时,需要进行人工助迁,否则会造成莲草直胸跳甲成虫和幼虫的大量死亡。此外,需要特别注意的是,在莲草直胸跳甲释放之前7～30天内,在田间必须禁用各种杀虫剂。

不过,如果只靠莲草直胸跳甲的取食,只能起到局部的抑制作用,不能根除空心莲子草的危害,因此还需要与其他防治方法相结合,才能收到更好的效果。

利用微生物防除空心莲子草的研究也在大力开展,目前已发现的病原菌有假隔链格孢菌、镰刀菌、毛盘孢菌、立枯丝核菌及链格孢等。1997年在巴西发现一类链格孢属真菌,对空心莲子草有抑制活性作用,其分生孢子液比菌丝悬浮液的除杀效果好。经过与其他菌种的比较发现,假隔链格孢对空心莲子草的除草活性最强,是一种高效的真菌除草剂,应用的潜力最大。

除了"赶尽杀绝"的方法外,也有人认为,空心莲子草具有多种应用价值,可以广泛利用。

首先,人们想到的自然还是它可作为饲料和饵料。空心莲子草营养比较丰富,可以作为猪、牛、羊的饲料,但因其口感不好,后被放弃。不过,据说在冬季由于空心莲子草的口感相对干草来说要好得多,因此人工饲养的梅花鹿比较爱吃。空心莲子草可以与其他高产水生

梅花鹿

93

空心莲子草花上的豆娘

植物一起打成草浆饲喂鱼苗,不过由于空心莲子草含有皂苷,应用时要加2%～5%的食盐,放置数小时后再投喂。此外,有人还提出,可将空心莲子草作为人类的蔬菜食用,作凉菜、炒菜、饺子馅或点心馅等。不过,尽管它本身无毒,但由于它吸收、富集重金属离子的能力较强,因此这个主意还需谨慎考虑。

食用不安全,但空心莲子草可作为药物,并且是一种已被收入《中国药典》的民间中药。它味苦性寒、无毒,有清热、凉血、解毒的功能,主治血症、淋浊、疔疮、湿疹、毒蛇咬伤等病症。现代药理研究还表明,空心莲子草可广泛应用于治疗多种病毒感染导致的疾病,具有免疫调节的作用。

空心莲子草还具有较强的净化环境的能力,对富营养化水体、有机废水、生活污水等多种不同程度污染的水体都有一定的净化作用。它在陆生环境中繁殖快,可在节处生根,然后萌生成株,生长快,生物量大,而且对重金属的耐性大、富集能力强,能有效从土壤中带走较多的重金属。空心莲子草中钾的含量较高,是一般作物的

10倍左右,因此是很好的生物钾肥资源,沤制后作基肥使用有很好的效果。此外,空心莲子草作沼气原料来生产沼气,也取得了明显成效。

对于空心莲子草的防控,话说起来轻松,做起来却不那么简单。它铁了心要在这片土地上扎下根来安家落户,任你是人工铲除还是药物毒杀或者天敌围剿,总是顽强抵抗,不肯让出已经占领的阵地。所以直至今日,人们与这些外来入侵者的战斗还在进行,而且可以预言,至少在将来相当长的一段时间内,这种拉锯战还将进行下去。

（倪永明）

深度阅读

徐汝梅,叶万辉. 2004. 生物入侵——理论与实践. 1-250. 科学出版社.

陈燕芳,郭文明等. 2008. 空心莲子草生物防除研究进展. 杂草科学, 2008(1): 9-12.

万方浩,李保平,郭建英. 2008. 生物入侵:生物防治篇. 1-596. 科学出版社.

黄思娣,曾爱平. 2010. 空心莲子草的天敌昆虫防治研究进展. 吉林农业, 2010(6): 78-80.

孙永艳,桑晓清等. 2011. 空心莲子草的研究进展. 广东农业科学, 2011(13): 73-77.

环境保护部自然生态保护司. 2012. 中国自然环境入侵生物. 1-174. 中国环境科学出版社.

日本松干蚧

Matsucoccus matsumurae (Kuwana)

日本松干蚧的防治问题很复杂，应采用综合治理策略，除了释放天敌外，封山育林，尽快恢复林分植被，改善生态环境，也是控制日本松干蚧的重要措施。在疫区，要进行树种更替，补植阔叶树或抗该虫较强的树种，使现有纯林逐渐变为混交林。害虫发生的边界区尽量不种植油松、赤松及马尾松等易受日本松干蚧寄生的树种，以减少虫害发生。

松林的灭顶之灾

　　中朝边境的长白山，被誉为"东北屋脊"，在我国境内的最高峰为白云峰，海拔2691米，也是东北地区最高峰。长白山的名称始于金朝。清朝《长白征存录》载："山上终年积雪，草木不生，故名长白山。为奉天东部、吉林南部第一祖峰。"事实上，长白山顶部夏天积雪大部消融，仅在背阴处有雪斑留存，但由于有大量的白色浮岩覆盖，故而远望仍是一片洁白。

被誉为"东北屋脊"的长白山

长白山还是我国的一座生物资源宝库，有着众多的珍贵野生生物，尤其是在茫茫的原始森林里生长着红松、长白松、臭冷杉、黄花落叶松、红皮云杉、偃松等针叶植物。长白山是红松生长的最适地带。红松是一种半阴性树种，针叶五针一束，碧绿常青，球果常3～5枚聚生于枝条顶端。它幼时喜阴，往往在阔叶树的遮蔽下生长，长成后喜欢阳光，不断向上生长，直到居于林冠顶部，树干通直，高达40米左右，成为长白山针阔叶混交林的优势种类。长白松也叫长白赤松，是欧洲赤松在我国分布的一个地理变种，主干通直，挺拔入云，高度达20～30米，洁净的树皮呈现着耀眼的棕黄至金黄色。树干下部的枝丫早期自然脱落，侧生枝条苍劲妩媚，全部集中在树干顶部，向四面伸展，构成优美的伞形树冠，形如美女翩然，故也被称为"美人松"。

　　位于长白山麓、松

美人松

人参

鹿茸

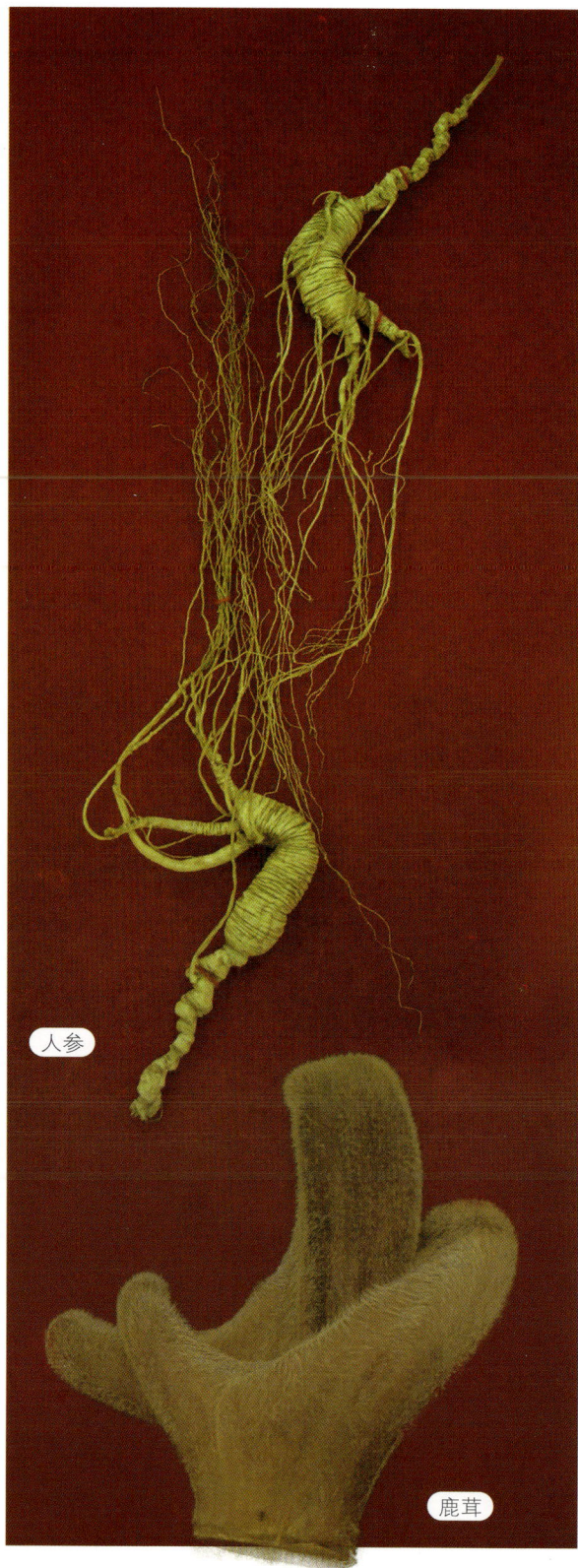

花江畔的红石林业局所在地，也是一个森林茂密，资源丰富的地方，是闻名中外的"关东三宝"——人参、貂皮、鹿茸的重要产地，被誉为天然的野生动植物园和物种基因库。尤为重要的是，这里拥有一片面积为155公顷的赤松混交林。这片林地是早年由赤松的果实流落到国有林内自然萌生的幼苗而形成的。

不料，2011年，这片赤松林却受到了外来物种——日本松干蚧的入侵。日本松干蚧是一种刺吸性枝干害虫，它将口器插入树木的嫩枝中吸取汁液，侵染初期（1～2年）看不出典型症状，后期（3～4年）则使芽梢枯黄，树势衰竭，最后导致树木的死亡。按照吉林省日本松干蚧疫情防控工作的总体要求，为了确保长白山自然保护区的生态安全，这片赤松林必须全部砍伐并销毁。

当年11月，在当地森防检疫部门的监督和指导下，红石林业局不得不忍痛将多年来这里的人们一直引为自豪的一片林地全部伐除,并对伐除的疫木进行集中烧毁。

日本松干蚧*Matsucoccus matsumurae*（Kuwana）,也叫松干蚧、松干介壳虫,是一种隶属于昆虫纲半翅目珠蚧科的外来入侵害虫。它的危害是使被害树木的皮层组织被破坏,导致树势衰弱,生长不良,针叶枯黄脱落,芽梢枯萎,树皮增厚、硬化、卷曲、翘裂。幼树严重被害后,易发生树干倾斜弯曲和枝条软化下垂,并常引起次期病虫害的发生,如松干枯病以及纵坑切梢小蠹、横坑切梢小蠹、象鼻虫、松天牛、吉丁虫及白蚁等为害。

雌成虫　　　　　　　　　　雄成虫

日本松干蚧主要为害赤松、油松、黑松、马尾松、黄山松、千头赤松、垂枝赤松、黄松、琉球松、偃松等多种松树,4年生以下幼树及苗木和老龄松树均能受害。由于它个体小、繁殖力强、寄生部位分散、传播途径广,一旦发生,就难以彻底根除。因此,日本松干蚧在国内外都是重要的森林植物检疫对象。

黑松

赤松

长白山天池

崂山

　　日本松干蚧于1903年由日本昆虫学家桑名伊三吉在日本东京庭园的黑松上首次发现，并作为新种发表。在我国，日本松干蚧于1950年在山东崂山首次发现，据说当时是从朝鲜传入的。现在，日本松干蚧已出现在我国江苏、辽宁、浙江、上海、安徽、山东、吉林等省、市，并且不断扩展蔓延。一旦被日本松干蚧入侵，松林资源的安全就会受到极大威胁。对于大面积疫区来说，消灭日本松干蚧尚无有效办法，并且费用高昂。采伐松林将损失大量的蓄积木材，伐倒病树处理的总成本以及采伐后的空闲林地造林也需要大量的费用，经济损失巨大。此外，日本松干蚧入侵也对风景名胜等旅游区的景观造成了严重的生态危害。

隐秘的生活

日本松干蚧1年发生2代,以1龄寄生若虫越冬(或越夏)。1龄寄生若虫头、胸部愈合增宽,体形由梭形渐变为梨形或心形。身体为橙黄色至橙褐色,体背两侧具放射状白色蜡丝条,腹面有触角、胸足等附肢。

随着天气转暖,1龄寄生若虫变为2龄无肢若虫,其触角、眼、足等全部消失,口器却变得特别发达,气门周围分泌有白色蜡丝。雌雄分化显著,无肢雌若虫相对较大,体宽约1.8毫

雄蛹

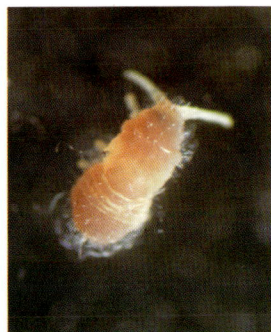

3龄雄若虫

米,圆球形或扁圆形,橙褐色;无肢雄若虫相对较小,体宽约1毫米,椭圆形,褐色或黑褐色。虫体末端有1龄寄生若虫蜕下的皮。日本松干蚧各代的发生时期因气候不同而有差异。南方早春气温回升早,成虫期比北方早1个多月,例如,越冬代成虫期,浙江为3月下旬至5月下旬;山东为5月上旬至6月中旬。而南方的夏季比较长,第1代1龄寄生若虫越夏时间也比较长,第1代成虫期比北方晚1个多月,例如,山东为7月下旬至10月中旬,浙江为9月下旬至11月上旬。北方秋季气温下降得早,第2代1龄寄生若虫进入越冬期比南方亦早。

日本松干蚧雌雄异型。雄若虫首先需经过3龄雄若虫阶段,老熟蜕皮后还需要经蛹期才变为雄成虫。雄蛹包被于白色椭圆形的茧中,分前蛹和蛹。前蛹胸部背面隆起,形成翅芽,蜕皮后成为蛹。

雄成虫体长1.3～1.5毫米,翅展3.5～3.9毫米。复眼大而突出,口器退化。前翅发达,膜质半透明,翅面有明显的羽状纹;后翅退化成平衡棒,在端部生有丝状钩刺3～7根。腹部分泌白色长蜡丝,末端有一钩状交配器,向腹面弯曲。

雌若虫老熟蜕皮后即为雌成虫,不需要经过蛹期。雌成虫卵圆

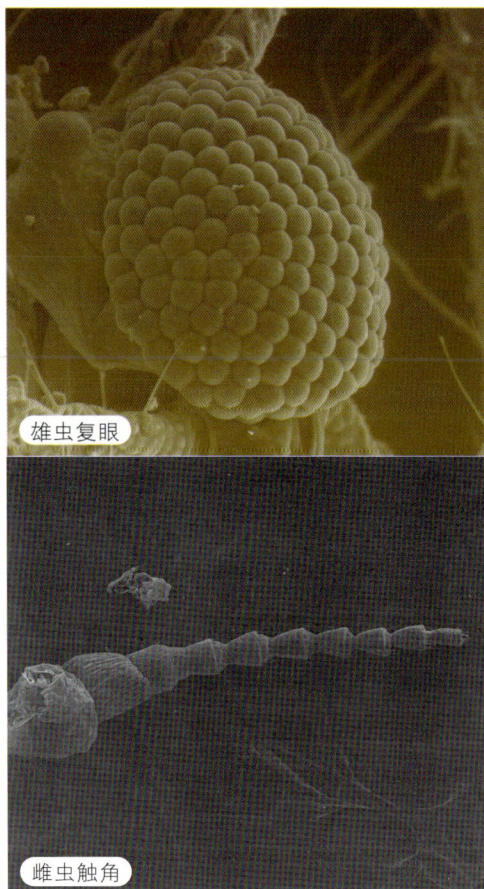
雄虫复眼

雌虫触角

日本松干蚧电子显微镜图

形，体长2.5～3.3毫米，头端略窄，腹末肥大，生殖孔在腹部末端的凹陷内。

雌成虫羽化时由2龄无肢雌若虫背部裂开，先露出臀部，以后随着虫体的不断蠕动逐渐脱出。羽化以后，雌成虫触角不断摆动，停息片刻即沿树干上下爬行。雄成虫羽化时，先由蛹的前胸背部裂开，逐渐将蛹皮蜕至腹末，露出柱状管腺。蜕皮后经半天至1天半，翅逐渐伸展，柱状管腺分泌白色长蜡丝，破茧而出。成虫一般在晴朗和气温高的天气羽化的数量较多，在阴雨或湿度很高的天气则羽化的数量显著减少。雄成虫羽化后，多沿树干爬行或作短距离飞行，寻觅雌成虫交配。交配时，雄成虫贴于雌成虫背部。在交配过程中，雌成虫或不断爬行或静止不动；有时雌成虫蜕皮未完仅露出腹部也能进行交配。雌成虫交配后，于翘裂皮下、粗老皮缝及球果鳞片等处潜入树内；体壁多格腺分泌蜡丝，逐渐包被虫体形成卵囊。

交配后的雌成虫一般从第二天开始产卵，产卵过程中，继续分泌蜡丝，扩大卵囊。每个雌虫最多产卵499～621粒，平均产卵223～268粒。未交配的雌成虫只能分泌少量蜡丝，不能产卵。雄成虫一般交配后即死亡；雌成虫一般能活5～14天。未交配的雌成虫，最多能活28天。

它的卵为椭圆形。初产时浅黄色或橙黄色，后渐变为暗黄色或棕黄色，孵化前，在卵的前一端可透见2个褐色眼点。卵包被于由成

106

虫分泌的蜡丝组成的卵囊中。卵囊为椭圆形或近圆形,白色絮状,每个卵囊中一般有200~300粒卵。卵的发育日数与温度直接相关。当日平均气温为22.6℃时,卵期为11.8天;日平均气温为18.3℃时,卵期为15天。若虫孵出后,喜沿树干向上爬行。通常活动1~2天后,即潜入树皮缝隙、翘裂皮下和叶腋等处,口针刺入寄主组织开始固定寄生。由于此时虫体很小,生活隐蔽,很难识别,故称"隐蔽期"。1龄寄生若虫蜕皮后,触角和足等附肢全部消失,由气门周围分泌蜡粉组成长的蜡丝,雌雄分化,虫体迅速增大。此期由于虫体较大,显露于皮缝外,较易识别,故称"显露期"。这是它为害松树最严重的时期。若虫在松树上多选择3~4年生的主干和侧枝寄生为害。在同一部位上,多集中于枝、干的阴面;在阳光照射的一面很少寄生。由于松树局部枝干阴面寄生的虫口密度大,内皮组织遭受破坏,造成生长缓慢;而枝干的阳面仍在继续健康生长,由于机械的重力作用,致使松树枝干弯曲下垂。有时,当虫口密度下降后,松树下垂枝干仍能逐渐恢复生长。因此,在日本松干蚧发生的初期,人们曾一度把松树的垂枝误认为是"垂枝类型的病害"。若虫在松树上的寄生部位,有逐年向上移的习性。2龄无肢雄若虫蜕皮后为3龄雄若虫。雄若虫一般比雌若虫早蜕皮10天左右,蜕皮时间为6~20时之间,以中午前后蜕皮的数量最多。蜕皮后,它们喜沿树干向下爬行,于树皮裂缝、球果鳞片、树干根际及地面杂草、石块等隐蔽处,由体壁分泌蜡质絮状物,做成白色椭圆形的茧化蛹。蛹期一般越冬代为8~15天,第一代为5~6天。

日本松干蚧若虫分泌的蜡丝

日本松干蚧的卵

广泛的传播途径

　　日本松干蚧虫体很小,本身活动范围有限,扩散传播的主要虫态是初孵若虫,有效扩散范围在300米以内,在松林内发生的初期一般呈点、片状分布,逐渐遍及全林。

　　日本松干蚧进行远距离传播的途径则主要是依靠风力,其次为雨水、动物和人的活动等。

　　日本松干蚧卵囊轻、松,初孵若虫腹部末端有两对尾毛,极易随

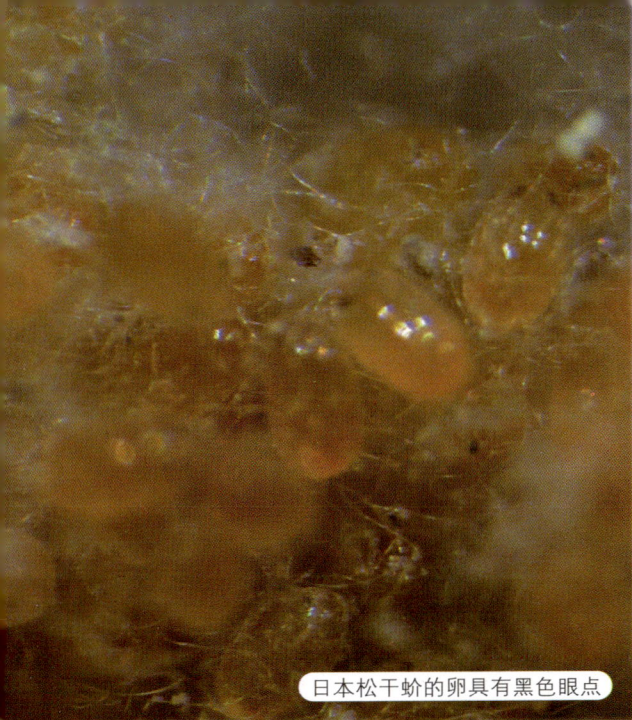
日本松干蚧的卵具有黑色眼点

日本松干蚧的1龄若虫

日本松干蚧的显露期

日本松干蚧交配

风飘扬，可以像灰尘一样在空中飘浮。特别是在每年春、秋季若虫孵化盛期，在高虫口密度区卵粒和初孵若虫随强风方向传播扩散最为明显。它的水平传播距离与风速关系密切。北方因春季天气干旱，南风和西南风次数多，强度大，日本松干蚧从南向北蔓延的趋势较为明显。

在日本松干蚧的显露期，雨水能将松树干上和枝上的卵囊和初孵若虫冲至地面，随着雨水流向低洼地区或伴随着植物的枝、果、叶等，沿着江、河漂流传播。

109

羽化中的日本
松干蚧雄成虫

如果人们在日本松干蚧发生区内放牧，牲畜接触卵囊或初孵若虫，它们便可随其活动而传播。另外有些昆虫和鸟类的活动，可在林中接触卵囊或初孵若虫并带到其他地方，也可造成日本松干蚧的传播扩散。

日本松干蚧在不同国家之间通过人们引进松树接穗、苗木、盆景、带皮原木或包装材料而引入。在国内，各虫态都可以随苗木、接穗、幼树、带皮原木、薪炭材、球果等的人为调运远距离传播。从发生区调运苗木、鲜松柴及未剥皮的原木，都能将日本松干蚧带到其他地区。卵囊除随枝柴、杂草等被带到其他地区外，也能被人的衣帽和鞋等粘带而传播。

科学防治

由于日本松干蚧对黑松、赤松、油松等松树具有毁灭性的危害，所以我国各地都对它严加防范。面对日本松干蚧的凶猛入侵，人们首先采取的是砍树封锁措施，"发现一株砍一株，发现一片砍一片"，但效果不彰。日本松干蚧传播速度之迅速，繁殖能力之强大，令人震惊。

带皮原木

天鹅湖

长春净月潭内的天鹅湖

　　　　　　　　　　1994年，在吉林省梅河口市首次发现日本松干蚧疫情。随后，日本松干蚧疫情沿着两条路线进行传播。一条由梅河口北上，依次进入东丰县、辽源市、伊通县；另一条是进入磐石市、桦甸市和永吉县。这时，省会长春市已处于日本松干蚧口袋状的包围之中，市郊净月潭国家级森林公园价值逾亿元的黑松、赤松、油松等资源受到近在咫尺的威胁。

　　为确保长春市的绿化成果和净月潭森林公园的松树资源，当地政府只好下令在长春市和伊通县之间建起一条长20千米、宽15千米的无日本松干蚧寄主植物隔离带，这样就不得不砍伐伊通县154公顷黑松。这些黑松是20世纪70年代初栽下的，当时只有30多公顷黑松受到日本松干蚧侵袭，其余黑松尚未发生病虫害，再过十余年，树木就成材了。因此，砍了这么一大片黑松，人们还真是有些舍不得。但是，为避免更大的损失，也只好这样做了。

　　防治日本松干蚧，除了上述方法外，人们更要严格履行植物检疫，严禁疫区苗木、原木向非疫区调运。在虫情普查的基础上划出疫区和保护区。凡在疫区内伐下的油松、赤松、马尾松等原木、苗木

111

外来入侵物种的特点

外来入侵物种主要表现在"三强"。

一是生态适应能力强，辐射范围广，有很强的抗逆性。有的能以某种方式适应干旱、低温、污染等不利条件，一旦条件适合就开始大量滋生。

二是繁殖能力强，能够产生大量的后代或种子，或世代短，特别是能通过无性繁殖或孤雌生殖等方式，在不利条件下产生大量后代。

三是传播能力强，有适合通过媒介传播的种子或繁殖体，能够迅速大量传播。有的植物种子非常小，可以随风和流水传播到很远的地方；有的种子可以通过鸟类和其他动物远距离传播；有的物种因外观美丽或具有经济价值，而常常被人类有意地传播；有的物种则与人类的生活和工作关系紧密，很容易通过人类活动被无意传播。

及枝柴等，都要严禁出境。在疫区内调剂原木和苗木时，必须进行产地检疫，木材也必须经过剥皮、水浸、火燎等方法处理，苗木须经熏蒸处理，在确保没有日本松干蚧活体的情况下方能调运。

在营林技术防治方面，首先要进行卫生伐：对被害严重、枝干极度弯曲，针叶稀少，濒死的树木进行间伐，林冠下的幼树无扶育前途且被害严重的也要除掉。伐下的原材要进行剥皮、水浸、火燎等处理，灭虫后再使用。在害虫发生边界区，一经发现被害木应立即砍除，以免扩大蔓延。

每到春暖花开、万物复苏的季节，也是日本松干蚧越冬若虫的显露期和危害的高发期。在这个时期，药剂防治是比较常用的手段。北方一般在4月上旬至7月下旬，南方宜在3月至6月，采用化学防治方法来毒杀寄生若虫。施药方法可采用刮皮涂药和打孔注药两种。刮皮法是在树干离地面约1米处，刮去粗树皮，露出韧皮部。刮皮范围大小可根据树龄大小定，15年生以下的树，刮宽5厘米、长10厘米的面积；20年以上大树则刮两个交错的半环，两半环间隔2～5厘米，刮好后随即用油漆刷将药涂上。打孔法用尖头斧在树干基部一圈，每隔5厘米打一孔，深达木质部，用油壶将药注入。农药可用40%氧化乐果乳油、50%久效磷乳油或25%乙酰甲胺磷乳油5～10倍液。用药量：15年

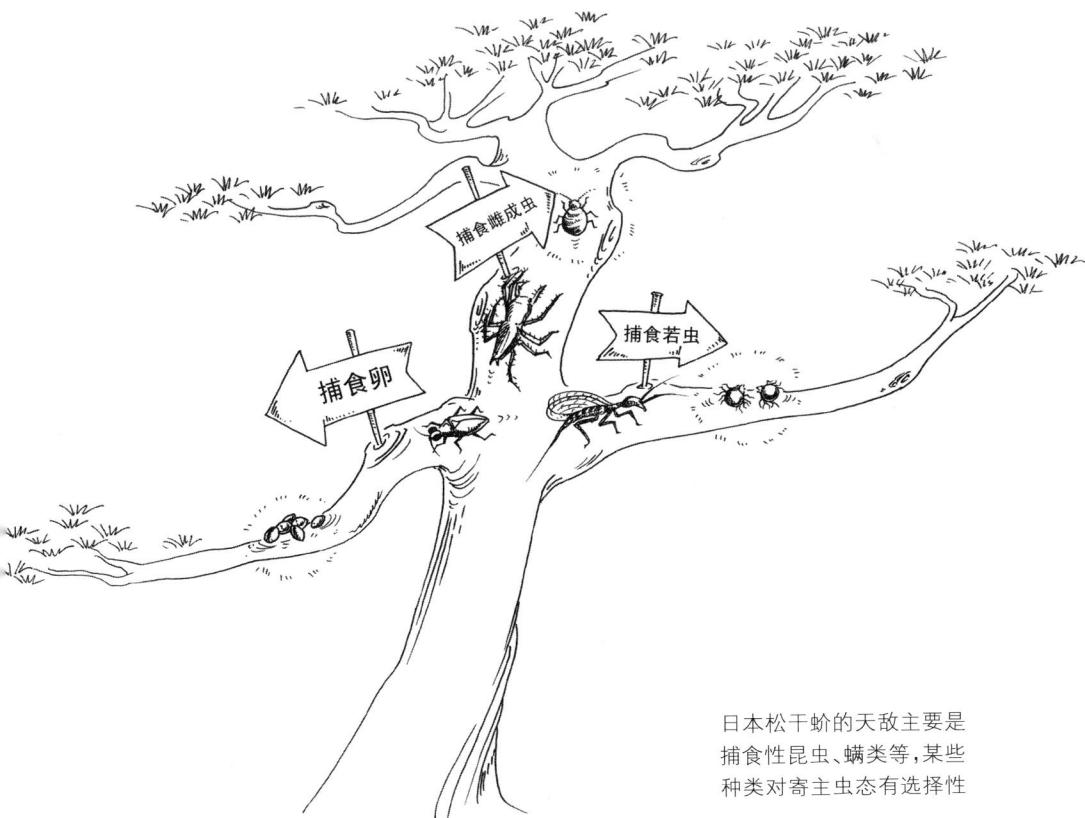

捕食雌成虫

捕食若虫

捕食卵

日本松干蚧的天敌主要是捕食性昆虫、螨类等,某些种类对寄主虫态有选择性

以下小树每株用2~3毫升,20年以上大树每株用5毫升左右,均有较好的内吸杀虫效果,且以氧化乐果最佳。为了防止有漏树现象,要做到宁肯重防,绝不漏防。

日本松干蚧的天敌主要是捕食性昆虫、螨类及病原微生物等,它们都是抑制日本松干蚧数量的重要因子,其中以异色瓢虫、刻点艳瓢虫、蒙古光瓢虫、华鹿瓢虫、隐斑瓢虫、龟纹瓢虫、红点唇瓢虫、黄斑盘瓢虫、红环瓢虫、大草蛉、牯岭草蛉、中华草蛉、松干蚧花蝽、黑叉胸花蝽、松干蚧瘿蚊、大赤螨、果园大赤螨、褐蛉、益蛉、盲蛇蛉、扁平虹臭蚁、日本黑蚁、日本黑褐蚁、大黑蚁、日本弓背蚁、斜纹猫蛛、黑腹狼蛛等对日本松干蚧的捕食作用较大。其中,某些种类对寄主虫态有选择性。如隐斑瓢虫和刻点艳瓢虫以及蜘蛛等优先选择雌成虫捕食,花蝽类主要捕食卵囊和小若虫,盲蛇蛉喜欢围攻小若虫等。

在日本松干蚧的主要天敌中,瓢虫类、蚂蚁类、蜘蛛类多在树枝

113

草蛉幼虫　　　异色瓢虫

日本松干蚧的天敌

上活动,树枝上的数量比树干上多;而蜻类和螨类则隐匿在树干树皮下捕食,树干上的数量比树枝上多。这种分布十分有趣,天敌们轮流"坐庄",可以对日本松干蚧造成最大杀伤。

例如,大赤螨和瘿蚊的幼虫捕食日本松干蚧的卵囊,在日本松干蚧卵囊发生最多时,大赤螨和瘿蚊幼虫的数量最多;松干蚧花蝽幼虫捕食日本松干蚧的卵囊和小若虫,因此在卵囊和小若虫数量高峰时,松干蚧花蝽的幼虫数量也最多;蚂蚁的成虫捕食日本松干蚧的大若虫、雌成虫和卵囊,这几种虫态数量最多时,蚂蚁数量也最多。几种瓢虫的情况也是如此。

人工助迁或饲养释放蒙古光瓢虫、异色瓢虫、松干蚧花蝽、草蛉及喷洒病原微生物等,对控制松干蚧虫口密度均有一定的效果,可加以保护和利用。

日本松干蚧的防治问题很复杂,应采用综合治理策略。封山育林,尽快恢复林分植被,改善生态环境,是控制日本松干蚧的重要措施。

在日本松干蚧疫区,要引种抗虫树种,进行树种更替,北方可引种红松、华山松、日本落叶松、樟子松或白皮松;南方则可引种湿地松、火炬松和刚松等,通过补植阔叶树或抗该虫较强的树种,使现有

在日本松干蚧疫区进行树种更替，
使现有纯林逐渐变为混交林

建立"混交林"！

纯林逐渐变为混交林。害虫发生的边界区尽量不种植油松、赤松及马尾松等易受日本松干蚧寄生的树种，以减少寄主。另外，还要及时修枝、间伐，以清除有虫枝、干和造成不适于日本松干蚧繁殖的条件。

（张昌盛）

深度阅读

柴希民. 1999. 日本松干蚧的捕食性天敌及其数量动态. 浙江林学院学报，16(4): 336-340.

高峻崇，山广茂，任力伟等. 2003. 日本松干蚧防治技术综述. 吉林林业科技，32(2): 16-19.

徐正浩，陈为民. 2008. 杭州地区外来入侵生物的鉴别特征及防治. 1-189. 浙江大学出版社.

徐海根，强胜. 2011. 中国外来入侵生物. 1-684. 科学出版社.

张青文，刘小侠. 2013. 农业入侵害虫的可持续治理. 1-395. 中国农业大学出版社.

黄顶菊

Flaveria bidentis (L.) Kuntze

　　如果每一位有可能接触到黄顶菊的人,都能严格检查自身是否携带了黄顶菊的种子及其他能使其蔓延的东西,我们的棉花是不是就有救了呢?是否就能够避免农作物减产呢?除"黄"保"白"战争胜负的关键,就掌握在我们手里。

衡水湖畔的不速之客

由北京乘车南行三个小时，在冀中平原的大地上，一片烟波浩渺的碧水便跃入人们的眼帘。湖水妩媚，风光秀丽，处处充满了灵气，展现着神奇，这就是有"京南第一湖"之称的衡水湖。

闲来作客到渔家，归醉秋风横水涯。

落雁声声吟日暮，炊烟出处是云霞。

这首古诗将衡水湖的景色描绘得十分迷人。湖中那一丛丛吐翠的芦苇，一片片泛绿的蒲草，一声声鸟儿的鸣叫，一阵阵风儿的轻柔，一层层欢快的涟漪……无不在拨动着人们的心弦，引发着人们对它的爱意。

衡水湖

衡水湖不但具有水天共色的湿地景观，而且在其周边地区还拥有大片良田，生长着小麦、玉米、棉花、大豆等农作物。尤其是棉花，这里是河北省重要的产棉区，而衡水湖所在的冀中平原又是我国五大商品棉基地之一。

棉花的植株为灌木状，一般有100～200厘米高，是一种非常重要的经济作物。棉花的用途十分广泛，其纤维除作纺织工业原料外，还是化学、国防、造纸、医药、汽车制造等工业的重要原料，是人类生活的必需品。棉花浑身都是宝：棉絮可纺线、织布，棉布由于吸湿和脱湿快速而使穿着舒适；棉纤维能制成多种规格的织物，从轻盈透明的巴里纱到厚实的帆布和厚平绒，适于制作各类衣服、家具布和工业用布；棉籽可榨油，棉籽壳也是一宝，是生产植物激素、木糖醇、活性炭

棉花田

棉铃

等的化工原料；棉杆是生产食用菌的优质原料；棉杆皮是人造棉、丝、麻刀、麻袋、绘画宣纸及蜡纸的原料，还可拧制绳索等；棉花的叶、根、花壳、种子、油、液汁等均具有很高的药用价值；棉花在医疗方面还广泛用于包扎伤口、消毒清洗，是临床上不可缺少的物品。因此，可以说，棉花的生产与国民经济的发展息息相关。

在衡水湖畔，田野里的棉花，花开花落，把美留在人间。更令人惊奇的是，棉花花色多变化，初开时花朵是鹅黄、粉白、乳白色，柔嫩、美丽，不久转成深红色，可谓绿色棉田锦上添花；花儿凋谢留下绿色小型的蒴果，称为棉铃（俗称"棉桃"），棉铃内有棉籽，棉籽上的茸毛从棉籽表皮长出，塞满棉铃内部，此时不是花，胜似花，棉籽上生长着茸毛，待到棉铃成熟时裂开，露出柔软的纤维，就像一朵朵白云镶嵌在紫红色的棉株上，棉田顿时成了雪白的海洋，着实令人喜爱！

2001年，在衡水湖畔的棉田里忽然出现了一个不速之客，名叫黄顶菊。它虽然是一种1年生的草本植

121

黄顶菊叶子

物，株高一般在25～200厘米之间，但最高的在260厘米以上，要比棉花的植株高出很多。它有紫色的直立茎，上面还被有微茸毛；它交互对生的叶为亮绿色，叶呈长椭圆形至披针状椭圆形，边缘具有稀疏而整齐的锯齿。无论茎或叶，都是多汁而近肉质。

黄顶菊*Flaveria bidentis* (L.) Kuntze也叫二齿黄菊，在分类学上隶属于菊科堆心菊族黄顶菊属。它的"老家"在南美洲，后来传播到西印度群岛、墨西哥、美国南部、埃及、南非、英国、法国、澳大利亚和日本等世界上的很多地方。它是一种喜光、喜湿、耐盐碱、耐贫瘠、生长迅速、繁殖能力强、结实量极大的杂草。在国外，它就被证实是农作物强有力的竞争者，能造成农作物严重减产，因而被很多国家和地区列入有害物种名单。

衡水湖畔出现的黄顶菊是我国第一次发现这种植物。它一出现就表现出了外来入侵物种适生性很强的特点。它很快就在非常广泛的生境中出现，包括河溪旁的水湿处、峡谷、悬崖、峭壁、原野、树林、牧场、弃耕地、街道附近、场院、道路两旁及含砾岩或沙的黏土等，尤其是荒地、建筑工地和滨海等富含矿物质及盐分的生境，就连衡水湖观光码头水域的边缘也发现了大量的黄顶菊。较广的生态幅使黄顶菊在新生态环境中可以轻易占据合适的生态位，并有效获取资源，与本地物种争夺光照、养分和生长空间，迅速扩张。在一些环境较为恶劣的地方，能够跟它伴生的其他植物，只有生命力同样较为顽强的一些藜科、锦葵科和禾本科杂草，如地肤、灰绿藜、狗尾草、苘麻、长芒稗和虎尾草等，另外还能见到碱蓬和柽柳等耐盐碱、耐干旱植物。

衡水湖附近的黄顶菊一般从4月下旬至9月下旬均可以出苗，在5月份下雨后，有大量的黄顶菊出土。它一般以单居群生长，出苗早的植株7月下旬开始出现花序，8月底至11月上旬为种子成熟期，11月初最低温度降至10℃以下时，大部分黄顶菊就都干枯了。

衡水湖畔的黄顶菊

苘麻

虎尾草

狗尾草

长芒稗

与黄顶菊伴生的本地植物

　　黄顶菊不仅生长茂盛,而且结实量多,繁殖力很强。它的花期长,8~9月为盛花期,可产生12~30个一级分枝,每个一级分枝有10~18个二级分枝,每个二级分枝又有5~7个三级分枝,每个三级分枝上有15~30个聚伞花序,多数于主枝及分枝顶端密集成蝎尾状。

黄顶菊花序

每个聚伞花序有10～80个头状花序,每个头状花序有2～10朵小花。整株花多达上万朵,花冠呈鲜黄色,非常醒目;花粉量大,提高了传粉和授粉的概率。它的瘦果为黑色,稍扁,倒披针形或近棒状,无冠毛,具10条纵棱。单株可产10多万粒种子,在田间还能见到黄顶菊的

黄顶菊的花序

蜜蜂为黄顶菊授粉

世代重叠现象。黄顶菊不仅因为种子数目多，提高了延续后代的能力，而且它的种子小而轻，瘦果虽没有冠毛，但可依靠风力或外力碰撞折断枝条，落到地上的断裂枝可以像刺萼龙葵等外来入侵植物一样，形成风滚草样，以滚动方式传播种子，因此它可通过分枝达到种群的蔓延和扩散。另外，黄顶菊的种子还能漂在水面随水流传播、可被人或交通工具携带，或混杂于其他种子中传播到新的区域。黄顶菊的种子没有休眠特性，只要光照等基本条件具备就可随时萌发生长。

　　黄顶菊在衡水湖附近一出现，马上就对当地棉花的出苗、生长及产量构成了威胁。一般情况下，黄顶菊出苗要比棉花晚10天左右，因此并不影响棉花的出苗和早期生长。而且，在黄顶菊出苗后与棉花共同生长的前1个半月，由于黄顶菊植株还比较矮小，叶片数也少，生长缓慢，对棉花的生长并没有明显的影响。但是，在黄顶菊与棉花共同生长的1个半月到2个月之间，黄顶菊就长得与棉花的株高相当了，这时如果黄顶菊的密度达到每平方米20～40株，便会对棉花的生长产生一定的抑制作用。在这以后，黄顶菊的生长速度更快，其株高逐渐超过了棉花的株高，从而严重影响了棉花的正常生长，使棉花出现了株高低、茎秆细、现蕾晚、蕾铃少等现象，而且黄顶菊密度越大，对棉花生长的抑制作用就越强。在棉花生长的中、后期，黄顶菊株高远远高于棉花的株高，前者最高超过了260厘米，而后者的株高仅在60～110厘米之间。因此，黄顶菊在部分棉花生长上层形成了郁闭环境，使棉花无法接受阳光照射进行光合作用，导致生长受阻，产量显著降低。如果黄顶菊的密度超过每平方米10株时，棉花甚至就会出现死亡的现象，并且黄顶菊的密度越大，棉花

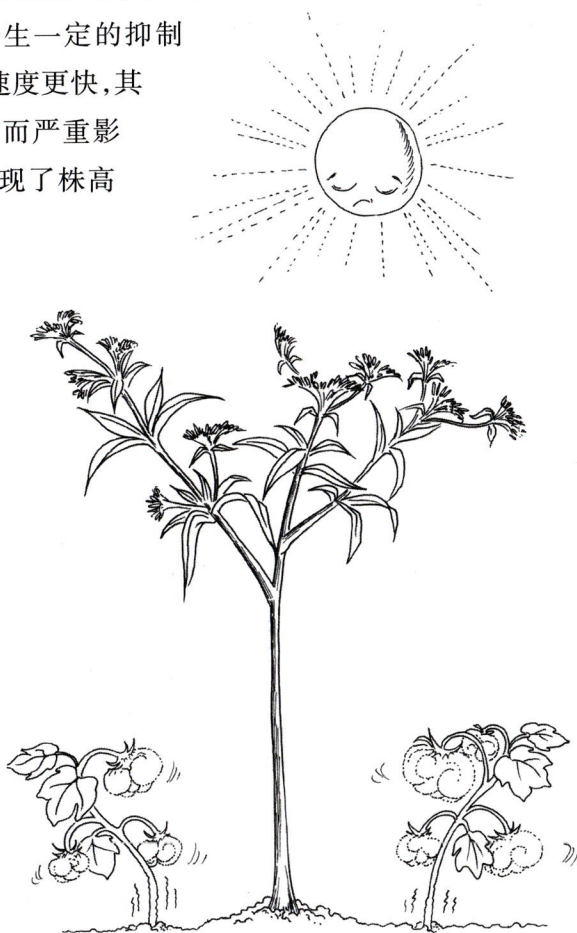

因为黄顶菊比棉花长得高，挡住了阳光，棉花变得弱小

127

的死亡率就越高。当黄顶菊密度为每平方米40株时,棉花的死亡率则高达70%。在黄顶菊的竞争干扰下,棉花的叶面积指数、田间透光率、水分利用效率、氮素利用效率和棉花产量等指标都会随着黄顶菊密度的增加而逐渐降低。

在衡水湖附近地区,棉花的播种期一般为4月中旬,这个时候也是黄顶菊的出苗时期,而且棉花播种时株行距较大,不能及时封垄,再加上棉田土壤湿度比较大,这些都有利于黄顶菊种子的萌发,使棉田成为黄顶菊较容易侵入的农田之一。另外,为了棉花高产,棉农一般都将棉花株高控制在75厘米左右,而这个高度远低于黄顶菊成株的株高。这些因素正好有利于黄顶菊对棉田的入侵和与棉花的后期竞争。

在与黄顶菊的竞争过程中,棉花也会 通过增加自身的高度来竞争光照和空间,但这样的结果 是:棉花主茎细弱、叶片发黄,为典型的徒长现象。而 且,当黄顶菊的

密度使田间的郁闭度达到饱和时,棉花的株高就不会再增高了。因此,黄顶菊一旦侵入棉田就能够造成棉花严重减产。

暗斗

在衡水湖周边的部分地区,黄顶菊的入侵不仅对棉田造成了危害,而且也对谷子、玉米、高粱、花生等作物构成了极大的威胁,尤其是管理粗放的农田发生危害较重。除了通过上述的"高度"来进行竞争外,黄顶菊还通过化感作用来影响本地土著植物和农作物的生长。外来入侵植物具有的化感作用早已为人们所认识,化感作用作为它们的一种入侵机制也越来越引起人们的重视。我国科学家通过实验发现,黄顶菊的根、茎、叶、花的水浸提液,对绿豆、小麦、玉米种子萌发和幼苗生长都有不同程度的抑制作用,尤其是对棉花的化感效应最强。

黄顶菊入侵谷子地和高粱地

植物化感作用是指一种植物通过向环境中释放化学物质而影响(抑制或促进)同一生活环境中的其他植物(含微生物)生长的现象。其中,释放的化学物质通常被称为化感物质,主要源自于植物分泌到环境中的次生代谢产物。其释放途径主要有植株挥发、雨雾淋溶、植株分(降)解和根系分泌4种途径。

植株挥发是指植株通过茎、叶、花、果实等器官向环境中释放挥发性物质,对周边植物产生化感作用。该途径在干旱、半干旱地区尤为明显。雨雾淋溶是指雨雾等从沾体植物的茎、叶、枝等器官表面将化感物质淋溶出来。一些水溶性的化感物质多以雨雾淋溶途径释放到环境中,部分油溶性的化感物质也能通过共溶而淋溶到环境中。通常植物组织的死亡和损伤能加快淋溶的效果。植株分(降)解途径是指植株的残枝枯叶等器官在分(降)解过程中,向环境中释放化感物质,如通过残体直接释放,或者由微生物转化而成,或与土壤化学物质作用而生成等。根系分泌是指植株在生长过程中,通过根部的不同部位向土壤、营养液等生长基质中释放多种物质,从而产生化感作用。

对于黄顶菊来说,它的化感物质主要通过植株残体和根系分泌向环境中释放,其次是雨雾淋溶。

黄顶菊与其他化感植物一样,化感物质多为次生代谢产物,在作用方式上主要以抑制种子萌发、抑制幼苗生长、改变土壤环境、影响微生物群落等方式为主。黄顶菊化感物质的作用方式和强弱是会发生变化的,如叶片和花的化感作用较强,茎杆次之,根系化感效应最弱,且随着黄顶菊成熟

人工锄黄顶菊的幼苗,棉花得以健康生长

130

度的增加,化感物质日渐增多,化感效应也越来越强。同时,不同的植物反应也有所不同。例如,以每毫升0.2克的黄顶菊茎叶提取液进行处理,对棉花的根、茎表现为强烈的抑制作用。另外,化感效应也会受到环境等诸多因素的影响。

除"黄"保"白"

黄顶菊抗病、抗虫、抗逆特性表现突出,其在生长速率、株高、结实性以及争夺空间、光照、水分等方面均明显优于棉花,表现出较强的竞争性和入侵性。作为重要的外来入侵杂草,黄顶菊的发生时期、生长环境及区域分布均与棉花基本吻合,是威胁我国棉花生产的潜在"杀手"。

棉花

因此,在棉花生产中应提高警惕、充分重视,及早进行防除,做到及时发现,及时铲除。其中人工拔除是简单易行、非常有效的防治方法。

黄顶菊种子极小,萌发时子叶出土,如果将其深埋,则可以防止大量出苗。在早春土壤解冻后进行土壤深翻,将黄顶菊种子深埋入土,翻耕深度为5厘米以上,可以明显抑制黄顶菊种子的萌发,对防除杂草危害有显著效果。黄顶菊苗期喜欢温暖湿润的环境,最先萌发的往往是湿润田边或沟坡下部的黄顶菊种子。而在干旱路边或弃荒地的种子,往往于雨后萌发,如遇干旱幼苗会大量死亡,因此,苗期防除是最佳时期,此时进行人工锄草效果很好。另外,秋季是黄顶菊植株枯萎的季节,也是黄顶菊种子成熟的季节。在这段时间里,对零星发生、低密度、高大植株地块,将植株连根拔除,带出田外集中焚烧销毁,可以做到斩草除根。对成片发生地区,可先割除植株,再耕翻晒根,拾尽根茬,并将拔除的植株集中焚烧或用粉碎机进行粉碎。

虽然化学防治不能根除黄顶菊,而且污染环境,但对危害严重、

被天敌破坏的
黄顶菊叶片

面积大、人工清除有困难的地方采用化学药剂进行防治，则有成本低、省时、省力、效果明显的优势。目前，我国很多地方都已经对防治黄顶菊高效、低毒、环境友好的除草剂进行筛选，初步构建了高效、低毒、低残留、保护植物多样性的黄顶菊应急化学控制体系，这样可以在保证防效的同时，尽可能减少向环境中投放农药。

目前，在野外发现的黄顶菊的天敌有夜蛾、螟蛾、叶甲、叶蝉、飞虱、蜡类和蚜虫等10多种昆虫，此外还发现它会患上猝倒病、白粉病、枯斑病、黑斑病和花叶病毒病等几种植物病害。在自然条件下，这些昆虫和病害对黄顶菊具有不同程度的抑制作用，因此，加强当地自然天敌的保护具有重要的意义。但是，对这些昆虫和病原物的研究还很不深入，还需要在更大范围内甚至到黄顶菊原产地国家开展调查和采集病、虫标本，以获得具有生防应用潜力的病原菌或昆虫。

植物在漫长的进化过程中，形成了向光性、向水性、向地性和向肥性的生长特性，这些生长特性对植物的正常生长具有重要意义。除了这些普遍的生长特性外，不同的植物还具有其独特的生长特性，人们可以针对这些生长特性，对其采取相应的措施，以达到增产增收或防控的目的。黄顶菊植株高大，后期生长迅速，竞争力强，因此一旦侵入农田会对农作物造成严重危害。不过，针对黄顶菊苗期生长缓慢且不耐荫庇的生长特性，人们也可以选择种植苗期生长迅速的高秆植物，并适当密植或者使用其他替代植物组合来抑制其生长，对其进行生态防治。例如，对黄顶菊发生严重的地块，可轮作其他作

玉米　花生　大豆

物,如花生、大豆、玉米等,以便于化学防除。

事实上,替代控制是控制外来入侵植物蔓延的主要途径之一。替代控制是利用植物间的相互竞争现象,用一种或多种植物的生长优势来抑制有害杂草。为探寻对黄顶菊有替代控制作用的植物,需要进行大量的科学研究。目前,我国科学家已经进行了很多有价值的实验研究。

例如,紫花苜蓿对黄顶菊种子萌发和胚根生长具有抑制作用。向日葵对黄顶菊形成了遮阴,与黄顶菊争夺光照资源,确定了竞争优势,最终也能抑制黄顶菊的生长。这些植物对于控制黄顶菊蔓延的危害,均有一定的效果。不过,这只是初步的研究结果,还

知识点

替 代 控 制

替代控制是利用植物间的相互竞争现象,用一种或多种植物的生长优势来抑制有害植物,是控制外来入侵植物蔓延的主要途径之一。在对外来入侵植物的防控上,人们可以选择种植苗期生长迅速的本土植物,并适当密植或者使用一些替代植物的组合来抑制其生长,对其进行生态防治。为探寻对外来入侵植物有替代控制作用的植物,需要进行大量的科学研究,经过反复的测试和筛选才能研制出更简便易行的替代控制技术。

紫花苜蓿

向日葵

能抑制黄顶菊
生长的植物

需要测试和筛选更多、更有效的替代植物,以研制出更简便易行的替代控制技术。

在衡水湖周边地区发现黄顶菊之后不久,在天津著名高等学府——南开大学校园内也发现了它的入侵。此后,黄顶菊呈现以河北省中南部为中心向周边其他省市扩散的趋势。目前,河北省的邯郸、邢台、保定、石家庄、廊坊、沧州和衡水等地都有黄顶菊的发生。天津市红桥区、南开区、河北区、西青区、宝坻区,以及静海县、宁河县和蓟县等区(县)也发现了黄顶菊。在山东省境内,与河北省接壤的聊城市、德州市等地发生比较重,济南市也偶有发生。河南省则发生在安阳市、新乡市等境内。

科学家通过计算机模拟黄顶菊在我国的潜在适生分布区域,证实大部分省区都非常适合黄顶菊的生长繁殖,其中我国东部和南部各省是其入侵和发生的高风险区。如果没有有效的措施,黄顶菊的扩散蔓延将不可避免。

黄顶菊快速蔓延的势头之所以没有得到有效遏制,最根本的原因之一就是人们的防控认识不到位,对黄顶菊的危害没有足够重视。因此,各级农业部门要及时在发生严重地区召开现场会,进行黄顶菊的防治技术培训,增强各级领导和农民群众的防控意识。同时广泛通过电视台、报纸、农村广播、宣传册、张贴标语等多种形式,详细地介绍黄顶菊的形态特征和生长特性,广泛宣传黄顶菊的严重危害性和防治工作的重要意义,发动全社会的力量对黄顶菊进行群防群治。

南开大学校园内的黄顶菊

　　如果每一位有可能接触到黄顶菊的人，都能严格检查自身是否携带了黄顶菊的种子及其他能使其蔓延的东西，我们的棉花是不是就有救了呢？除"黄"保"白"战争胜负的关键，就掌握在我们手里。

（李湘涛）

深度阅读

张国良，曹坳程，付卫东. 2010. 农业重大外来入侵生物应急防控技术指南. 1-780. 科学出版社.

张天瑞，皇甫超河等. 2011. 外来植物黄顶菊的入侵机制及生态调控技术研究进展. 草业学报, 20(3): 268-278.

彭军，马艳，李香菊等. 2011. 黄顶菊化感作用研究进展. 杂草科学, 29(1): 17-22.

万方浩，刘全儒，谢明. 2012. 生物入侵：中国外来入侵植物图鉴. 1-303. 科学出版社.

彭军，马艳，李香菊. 2012. 外来入侵杂草黄顶菊与棉花的竞争作用. 棉花学报, 24(3): 272-278.

环境保护部自然生态保护司. 2012. 中国自然环境入侵生物. 1-174. 中国环境科学出版社.

西花蓟马

Frankliniella occidentalis (Pergande)

对于"花心中的隐形杀手"西花蓟马，任何单一的手段都难以从根本上解决它们的防治问题，因此尝试结合生物药剂和天敌的综合治理方法，才是西花蓟马防治的正确途径。

花心里的隐形杀手

　　鲜花是爱和美的象征，更是人们表达美好祝福的载体，在节日里我们都喜欢用鲜花来表达对亲朋好友的祝福。可就在这一朵朵美丽的鲜花中，也许就隐藏着一种"隐形杀手"，它们个体很小，小到我们的肉眼几乎视而不见，但它们对园艺植物来说却极具杀伤力。它们就是我们这个故事中的主角——西花蓟马。

　　西花蓟马*Frankliniella occidentalis* (Pergande)又叫苜蓿蓟马、西方花蓟马，在分类学上隶属于缨翅目蓟马科花蓟马属，它的英文名为western flower thrips，其中最后一词起源于希腊文，为"钻木虫"的意思。缨翅目昆虫的成虫都有两对缨翅，也就是翅的边缘有像红缨那样的流苏，所以这类昆虫被归类为"缨翅目"。另外，缨翅目昆虫的许多种类都喜欢在一类菊科植物——蓟，如大蓟、小蓟等的花中活动，故又被称为"蓟马"。蓟马的种类繁多，全世界已知大约有5000多种，其中对植物造成严重危害的种类大约仅占蓟马总数的1%，西花蓟马就是其中的一种。

　　如果不是园艺工作者，我们大概不会觉察到这种昆虫的存在，一是因为它们经常躲在花心中生活，隐身在各种植物花朵的皱褶中，从花朵外面根本看不到它们的身影；二是因为它们身材非常小，大部分体长不超过2毫米，比我们常见的最小的蚂蚁还要细小，即使我们偶尔看到了这种昆

西花蓟马非常小，要细心观察才能发现

虫,也会无视它们的存在。也正是因为西花蓟马有这样高超的"隐身术",才会在人类的眼皮底下对各种花卉恣意为害,肆无忌惮,等我们看到园艺作物严重受害时,为时已晚。

既然用肉眼观察它们有困难,那么,就让我们通过显微镜来认识一下它们吧!

西花蓟马的个体发育介于完全变态和不完全变态之间,为渐变态昆虫,它的一生可分为4个阶段:卵、若虫、蛹和成虫。其中在若虫和成虫两个阶段,西花蓟马扮演了辣手摧花的角色。卵被产在植物的叶、花和果实等器官的表皮下,肾形,不透明。1龄、2龄若虫取食植物组织,称为幼虫阶段;3龄、4龄不取食,称为蛹阶段。刚孵化出来的1龄若虫淡黄色,细长,无翅,体长只有1毫米左右,孵化出来后就立即取食。2龄若虫体色蜡黄,非常活跃,身体变得粗壮起来,饭量也大

卵

若虫

蛹

成虫

西花蓟马的成虫

增,取食量为1龄若虫的3倍,2龄幼虫后期就入土"化蛹"。

3龄并非真正的蛹,所以被称为"前蛹"或"预蛹",它们在此期间基本不吃不动,该期出现的标志为翅芽的出现。前蛹具有翅芽及发育不完全的触角,翅芽短,触角前伸。严格地说,4龄也并不是真正意义上的蛹,因此又称为伪蛹,也可以称为蛹,它和3龄的区别是:翅芽长,长度超过腹部一半,几乎达腹末端,触角向头后弯曲。预蛹和蛹在土壤或枝叶残骸中化蛹,有时也在花中化蛹。

西花蓟马破蛹而出后,进入成虫期。成虫身体瘦长,体长约1.5~2毫米,头黄色,腹部颜色较深,已经长出完整的两对缨翅。成虫行动敏捷,能飞善跳,遇到惊扰会迅速扩散。若虫和成虫通常喜欢在花蕊或叶芽等包裹得严严实实的组织上取食。

西花蓟马在最初发生的地区,身体颜色会随着时间的变化而变化,如早春的时候雌虫几乎为黑色,但到了夏初就变为黄色,并且在腹部背面有深色斑点。有趣的是,由于它们的体色有如此大的差异,竟然也迷惑了昆虫分类学家的眼睛,他们曾经根据这些体色的多样性,把西花蓟马归为许多不同的物种,甚至多达20余种。这在人类侦查手段相对匮乏的年代,使其逃脱了多少罪责! 由于西花蓟马和蓟马家族的其他成员如烟蓟马等在外形上也不好区分,不知道它还做过多少案子。不过现在,西花蓟马已经无处遁形,科学家采用分子生物学的鉴定方法,可在短时间内准确地鉴定西花蓟马,包括若虫和蛹,为检疫部门对它们的识别提供了极大的便利。

两毫米和五大洲

谁能想到,身长不到2毫米的西花蓟马,竟然占领了全世界五大洲! 这个巨大的反差简直令人难以置信,如果你还没有从事实中惊醒过来,就让我们来细数一下它的"发家史"吧!

西花蓟马的原产地只在美国西部的少数地区。1895年，它在美国加利福尼亚州的杏树、柑橘和马铃薯上首次被人们所认识，当时也未造成很严重的危害，基本处于局部小规模战争的状态。但在60年后的1955年，西花蓟马开始崭露头脚，它在美国夏威夷州的艾岛暴发为害。之后，随着活体植物和植物产品的销售和运输，西花蓟马的对外侵略和扩张一发不可收拾，不仅在美国大范围传播，迅速遍及了全部50个州，而且在20世纪80年代后，来到了另一个主要的北美洲国家——加拿大，成为北美洲最常见的一种蓟马。随后，它又把战火烧到了危地马拉、哥斯达黎加、哥伦比亚、秘鲁、阿根廷等中、南美洲的许多国家。

同样是在20世纪80年代后，随着国际贸易的增加，尤其是花卉和蔬菜的调运，为西花蓟马在世界各地开辟新战场提供了便利。它们首先漂洋过海，前往欧洲大陆"小试牛刀"。1983年，在欧洲花卉的主要集散地——荷兰的温室内的非洲菫上首次发现了这个"外来户"。荷兰气候温和，西花蓟马很快在新家安居下来，并以此为据点迅速扩展蔓延到了整个欧洲。

在欧洲一战成名后，野心勃勃的西花蓟马加紧了入侵其他几大洲的步伐，表现出占领全世界的强劲势头。在亚洲，它于1987年入侵以色列、1989年入侵马来西亚、1990年入侵日本、1994年入侵韩国；在非洲，它于1987年入侵南非、肯尼亚；在澳洲，1993年在西澳大利亚州的温室菊花上首次发现了西花蓟马，新西兰随即也发现了它的危害。短短十几年的时间，这个肉眼都不容易看清的"小虫子"就在美

美国加利福尼亚州

141

洲、亚洲、欧洲、非洲、大洋洲生根发芽，入侵了至少69个国家和地区，终于成为一种"举世闻名"的世界性害虫。

事实上，面对来势汹汹的西花蓟马，我国并没有掉以轻心，在1996年就将其列为进境动植物检疫性害虫，1997年又将其列入《中华人民共和国进境植物检疫潜在危险性病、虫、杂草名录》，并加强了检疫，以防患于未然。然而，西花蓟马已经积累了足够多的作战经验，

温室大棚

最终撕破了我们的防线，来到了我国。

西花蓟马最早是2000年5月在台湾省现身的，它出现在来自马来西亚的切花上。同年，在昆明国际花卉节上参展的缅甸盆景上也发现了西花蓟马。2003年11月在昆明市大棚花卉作物上，又出现了它的踪迹。从此，西花蓟马发动了全面战争，不到几年时间就在云南省的昆明、玉溪、临沧等多个地方安家落户、繁衍生息，并造成了严重的危害，后来又蔓延到大理、楚雄、保山、曲靖、西双版纳傣族自治州等广大地区，并建立了稳定的种群。2003年6月，在北京郊区蔬菜大棚中的辣椒花上也采集到西花蓟马，当时一株辣椒上就有近万头之多。然而，这只是冰山一角。人们随后又在北京近郊的昌平、丰台、大兴、朝阳等地的黄瓜、辣椒、番茄、茄子、大葱等常见蔬菜上，都发现了西花蓟马的为害。这一发现引起了人们的极大重视，西花蓟马也渐渐被我们所熟知。

我国西花蓟马的主要入侵地区还有浙江、山东等省，并在局部地区暴发成灾。在浙江省，西花蓟马主要出现在花卉市场或各类花店，可能是从云南、北京或国外运来的鲜切花、活体植物上携带而来。

据科学家分析，我国幅员辽阔，大部分地区的气候条件都适合西花蓟马的发生和为害，多达28个省、直辖市、自治区都有西花蓟马定居生长的可能性。

鲜切花

人类是其"移民"的帮手

在铁的事实和数据面前，我们不得不承认西花蓟马骁勇善战，无坚不摧。可能大家又会产生困惑，那么弱小的昆虫，是怎么做到打遍天下无敌手的呢？

其实，帮助它入侵世界的正是我们人类自己。西花蓟马的翅非常细小，飞翔能力也弱，只能近距离迁移，在远距离的"移民"过程中，需要靠两个步骤才能完成：第一步是必须被夹杂在原住地的鲜

花和蔬菜、种苗等出口植物上，还要借助我们强大的现代化交通工具来运载它们，这个步骤对西花蓟马来说完全是被动的，但如今频繁的国际贸易加上发达的交通网络，可以让西花蓟马到达任何可能的地方；第二步就看西花蓟马的运气了，如果它们足够幸运，只要部分个体能逃过海关检疫部门的严密检测，就能成功地到达新的移民地。而个体小、常隐身在花心中、和其他近缘种样子很难区分，这些得天独厚的条件也为它们攒足了运气。从遍布五大洲的事实来看，西花蓟马的运气似乎真的很不错。

成功到达一个陌生的地方后，能否真正建立基业，使家族兴旺，就要靠西花蓟马自己的本事了。不过，在这一点上，西花蓟马的能力毋庸置疑。它们的生存能力极强，经过辗转长途跋涉仍能存活并保持相当的活力，而且超强的繁殖能力更是它们的"撒手锏"。目前，蔬菜等经济作物的大棚栽培越来越广泛，可以说已成为主要的栽培方式，这也为西花蓟马提供了繁殖的便利条件。在温室内，一年四季气候适宜，西花蓟马全年都能够繁殖，一年可达12～15代，几乎半个多月就能完成一个生活史周期。它们最适合的发育温度范围为15～35℃，在此范围内随温度升高，发育速度加快，只有35℃以上的高温才对西花蓟马的发育不利。它的雌虫能用两种繁殖方式进行繁殖，一种是两性生殖，另一种是孤雌生殖，也就是不用经过雌雄交配，雌虫就可以产卵，但这种产卵方式只能产生雄性后代。雌成虫羽化后即可交配，并可多次交配，几乎终生产卵，每次的最高产卵量高达200多粒，简直就是个"产卵机器"！交配后的雌虫，其受精卵既可发育为雌虫也可发育为雄虫，但以雌虫为主，约为雄性个体数的2倍。雌虫寿命相对较长，在室内能存活40天，最长可

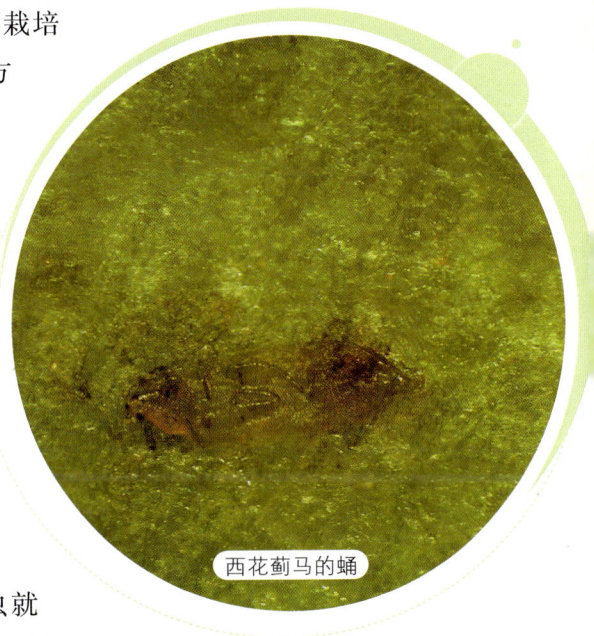

西花蓟马的蛹

达90天；雄虫寿命较短，约为雌虫寿命的一半。

与对待其他害虫一样，人们对西花蓟马的防治主要是化学防治。这种方法虽然见效较快，但极容易使西花蓟马产生抗药性。它们在新地区定居越来越容易，可能就是我们人类不小心帮了它们的忙。现代园艺频繁使用杀虫剂，这等于我们人类帮助它们进行了严格的定向进化，通过农药的洗礼而存活下来的西花蓟马绝对是同类中的佼佼者。这些"身强力壮"的西花蓟马更容易在新地区快速扎下根来，尤其是在温室中。

就这样，自身的超强繁殖能力加上人类的帮助，联手打造了西花蓟马这个昆虫界中的"小个子硬汉"形象。

植物的"吸血鬼"

在西花蓟马面前，世界各国无不如临大敌。可是，我们不禁又会产生这样的疑问：区区两毫米不到的西花蓟马，

番茄

茄子

芹菜

就算能定居下来，又能翻起多大的浪？

可千万别小看了西花蓟马，它的确是一种非常可怕的外来入侵物种。它属于杂食性害虫，寄主植物非常广泛，蔬菜、花卉、能开花的杂草及果树都能成为它们的食物，目前已知的寄主植物就有隶属于66科的500多种，包括重要的菊科、葫芦科、豆科、茄科、十字花科等作物，如苹果、葡萄、番茄、黄瓜、生菜、芹菜、花生、豌豆、洋葱、菊花、玫瑰、万寿菊、凤仙花、火鹤、天竺葵、矮牵牛、大岩桐、兰花、大丽花等水果、蔬菜和花卉，其中对温室种植的花卉、蔬菜为害最为严重。

蓟马的嘴很特别，被称为锉吸式口器，这种口器也是蓟马类昆虫所独有的。最显著的特点就是口器的各部分不对称，口器的基本形状是锥状的口针，但不是真正的刺吸式口器那样的口针，而是介于咀嚼式口器和刺吸式口器之间的类型。取食时，西花蓟马用口针把寄主植物的组织刺破，然后吸取寄主流出的汁液。西花蓟马有明显的趋嫩性，喜欢锉吸寄主植物的幼苗和鲜嫩的叶、芽、花或果实汁液，

黄瓜

生菜

青椒

豌豆

147

菊花 蝴蝶兰

可谓植物的"吸血鬼"。它们还有较强的趋花性，喜欢聚集在花朵里，隐藏在植物的花心里取食。西花蓟马尤其喜欢取食植物花粉或花的子房，它们的锉吸式口器特别适合取食花粉，能非常迅速地处理花粉颗粒。取食花粉时西花蓟马的生殖力最高，它们发生的高峰期常与植物的花期一致，因此相对于蔬菜来说，西花蓟马对花卉的为害更为严重。

西花蓟马对植物的暴行，造成了全方位的伤害：在取食还没开放的花朵时可传播花粉，使花朵提前受精早熟，降低果实产量和品质；嚼食叶片和果实后，留下疤痕或使其畸形，果实受害后常留下创痕，甚至造成疮疤，幼果受害后表现畸形，表皮锈褐色，严重时引起落果；对叶片的为害从子叶期就开始了，随植株的生长自下而上为害，被害叶片的心叶不舒展，生长点萎缩，叶片形成白色斑块后连成片，严重受害时叶片变小、皱缩，甚至黄化、干枯、凋萎；花卉作物受害后叶片和花瓣褪色并留下食痕，影响花卉的外观和商品价值，受侵染的花蕾畸形，严重者造成花不能正常开放。

有人可能会说，西花蓟马上述的危害似乎还不是那么让人难以接受，因为其他农业害虫如蚜虫等也会造成类似的危害。但不要被这个"小个子硬汉"迷惑，它除了上面的直接危害方式外，更重要的是间接危害。

西花蓟马之所以是一种世界性危险害虫，就在于它们除了取食植株的茎、叶、花、果导致植株枯萎外，还传播多种植物病毒，其传播

非洲凤仙花　　大丽花

的病毒造成的危害损失远大于其本身的危害。以番茄斑点萎蔫病毒（简称TSWV）为例，这种病毒主要为害烟草和蔬菜，能对多种作物造成极大甚至毁灭性的危害，使作物雪上加霜。

西花蓟马1龄若虫在取食已经感染了番茄斑点萎蔫病的寄主植物叶片后，就获得了番茄斑点萎蔫病的病原病毒。病毒在它的唾腺和其他组织中滞留并且不断增殖，三天后就具备了传毒能力。携带病毒的幼虫发育为成虫后仍然带毒，成虫飞到其他植株上取食时，在咬破植株细胞的同时就把病毒传播到这些植株上，从而使健康的植株也感染上了这种病毒，并迅速扩散蔓延而造成危害。西花蓟马只要在植株上取食15到30分钟，就能够将病毒从体内转移到健康的植株上，其中雄虫的传毒能力强于雌虫。

"恶魔"也有克星

自然界中的生物都是相生相克的，西花蓟马也不例外，它们在自然界中的克星很多，包括菌类及其制剂、捕食螨类、花蝽类、线虫类等。在生产上用来防治西花蓟马常用的菌类天敌有金龟子绿僵菌、球孢白僵菌，真菌性杀虫剂对西花蓟马也有较好的防治效果。

捕食螨主要是指植绥螨科的种类，目前世界上已知的植绥螨约有2250种，该科7个属的18个种对西花蓟马都有控制作用。这些捕食螨会刺破西花蓟马低龄幼虫虫体，把它们体内的物质当点心来食用。国际上用来防治西花蓟马的捕食螨主要有黄瓜钝绥螨和尖狭下盾螨，其中黄瓜钝绥螨是在多种作物上使用量最大、最为频繁的一种捕食螨。在北美洲和欧洲，黄瓜钝绥螨是有效防治黄瓜、甜椒等温室蔬菜上西花蓟马的重要天敌。1994年，我国福建省首先从英国引进了黄瓜钝绥螨，它能把西花蓟马造成的损害降到经济允许的水平以下。由于黄瓜钝绥螨不滞育，所以释放它来防治西花蓟马是一种经济有效的手段。此外，胡瓜新小绥螨和巴氏新小绥螨也可以有效地防治西花蓟马，目前在荷兰等国家已经商品化生产这些捕食螨。

半翅目花蝽科小花蝽属的种类对西花蓟马也有控制作用，在国际上也经常被使用。它们对多种害虫，如蚜虫、蓟马以及鳞翅目害虫的卵、幼虫等都有很强的捕食作用，其中最爱吃的就是西花蓟马，西花蓟马的各个虫态都合乎小花蝽的胃口。但这个"战将"有个缺点，就是要等到西花蓟马对叶片造成一定伤害时它才会出手，而在西花蓟马密度较低时起的作用反而不大。

克星们不但各自在对西花蓟马的战斗中发挥作用，有时还会强强联合，共同对付西花蓟马的进攻。小花蝽和黄瓜钝绥螨各自均能显著压低西花蓟马的种群，但如果联合释放的话，对西花蓟马的进攻火力会成倍增加。对黄瓜钝绥螨来说，与尖狭下盾螨的任意组合，都能显著增加西花蓟马的死亡率。然而，对小花蝽来说，1头小花蝽和10头尖狭下盾螨的组合模式对西花蓟马的威力最大。

利用天敌对西花蓟马进行生物防治安全、持久又经济。由于人们对绿色食品的需求

西花蓟马能将番茄斑点萎蔫病毒传染给其他农作物

不断增加，因而使用生物农药、天敌进行害虫防治也越来越受欢迎。但在西花蓟马高密度、大范围发生时，生物防治的效果比较慢，难以及时发挥作用。

对西花蓟马的攻坚战

由于西花蓟马个体微小，常在花朵中隐形为害，所以对它们的防治非常棘手。首先，西花蓟马为害具有很大的迷惑性。当种群数量小时，极不易被发现。而一旦发现植物明显的受害状时，西花蓟马的种群数量已经相当高，尤其对于观赏价值很高的花卉来说，此时采取措施为时已晚。其次，害虫防治上常用的化学方法对它们来说效果并不

捕食螨

好。西花蓟马具有明显的趋嫩性，喜欢隐藏在植物的花里取食为害，初花期主要躲在花瓣中，此时喷洒的农药不能直接接触到虫体；盛花期是授粉的重要阶段，但此时喷洒农药容易影响果实品质，因此只有在花瓣脱落、刚形成果实的时期喷洒农药比较有效。另外，西花蓟马很容易对农药产生抗药性，目前，它们几乎对所有用来防治它的化学农药不同程度地产生了抗性。

防治，防治，必须防大于治。首先，我们的相关部门必须加强检疫，在进口花卉、苗木、果蔬等作物时一定严加防守，不给西花蓟马提供任何入境的机会；在国内不同地区之间进行苗木、花卉调运时，尤其是从有西花蓟马分布的地区向外调运植物时，一定要重视检疫这个环节，尽可能地防止西花蓟马的大面积扩散。

在已经有西花蓟马分布为害的地区，我们要想方设法地对它们进行控制，减小它们的种群数量，尽量减轻对植株的危害。从前面的叙述可以看出，对西花蓟马的防治注定是一场攻坚战，仅凭化学防治难以取得较好的效果，化学农药还存在对其他生物产生毒害、污染

环境以及对天敌的杀伤作用等问题。生物防治虽然对环境友好,但有时见效比较慢,所以我们必须采取农业、物理、化学等综合防治的措施。

农业防治。由于西花蓟马寄主广泛,清洁田园和清除农田残枝落叶及周围杂草可以减少它们在田间的种群数量。另外,因为西花蓟马在土中化蛹,可以定期对土壤进行处理,主要是把土深翻和对土壤进行深度灌溉,这样可以大大减少西花蓟马成虫羽化的数量,避免出现植株上部蓟马好不容易被消灭,但地下的蛹却源源不断地羽化,再爬上植株为害的现象。

蓝色粘板

物理防治。西花蓟马具有趋蓝色、白色、黄色和粉色的习性,其中对蓝色趋性最强。利用它们的这一习性,可以用蓝色的粘板对它们进行诱杀。粘板是大小约20～30厘米见方的蓝色硬纸板,两面涂满可以粘住小飞虫的不干胶。蓝板可以购买也可以自制,在西花蓟马高峰期之前把粘板悬挂在温室或大棚内,随着作物的生长及时调整悬挂高度。使用粘板既可以诱杀成虫,减少成虫的产卵和危害,也可以用来监测西花蓟马的种群发生动态。采用粘板诱杀省时、省力、成本低、无公害,而且效果明显。

另外,由于西花蓟马不耐高温,在夏季不种植作物的时期进行高温闷棚,将棚室温度升至40℃左右,连续保持3周,残存的西花蓟马就会热死和饿死。在温室周围5米左右最好不种任何植物,尤其是开花植物,可以减少对西花蓟马的吸引。田间覆盖黑色地膜也可以阻止西花蓟马入土化蛹。

化学防治。前面提到,由于西花蓟马抗性很强,且可在植物缝隙和皱褶部隐藏,因此化学防治效果差且费用较高,但在西花蓟马大量发生时,也必须及时地用药剂来控制它们的疯狂。用药时应该把握好时机，在初花和盛花期用药效果不好，应选择在花瓣脱落、刚形成果实的时候喷洒农药，因为这时授粉已经结束，西花蓟马容易接触到农药，因此可以有效地毒杀它们。另外也可以用杀虫剂对土壤进行处理，这样能使西花蓟马化蛹的数量减少。但化学防治最大的症结还在于污染环境，而且对西花蓟马的天敌会造成伤害。

对于"花心中的隐形杀手"西花蓟马，任何单一的手段都难以从根本上解决它们的防治问题，因此尝试结合生物药剂和天敌的综合治理方法，才是西花蓟马防治的正确途径。

但愿，在我们的努力下，美丽的花朵可以灿烂绽放，不再受伤！

（李竹）

外来物种入侵的途径

外来物种入侵的主要途径：有意识引入、无意识引入和自然入侵。有意识引入主要是出于农林牧渔生产、美化环境、生态环境改造与恢复、观赏、作为宠物、药用等方面的需要，但这些物种最后就可能"演变"为入侵物种。无意识引入主要是随贸易、运输、旅游、军队转移、海洋垃圾等人类活动而无意中传入新环境。自然入侵主要是靠物种自身的扩散传播力或借助于自然力而传入。

深度阅读

万方浩,郑小波,郭建英. 2005. 重要农林外来入侵物种的生物学与控制. 1-820. 科学出版社.

程峻峰,万方浩等. 2005. 外来有害入侵生物——西花蓟马. 中国生物防治,21(2): 74-49.

万方浩,李保平. 2008. 生物入侵：生物防治篇. 1-596. 科学出版社.

钟锋,吕利华等. 2009. 西花蓟马的危害及生物防治研究进展. 广东农业科学,2009(8): 120-123,128.

万方浩,冯洁. 2011. 生物入侵：检测与监测篇. 1-589. 科学出版社.

张青文,刘小侠. 2013. 农业入侵害虫的可持续治理. 1-395. 中国农业大学出版社.

马缨丹

Lantana camara L.

如果您出去旅游或者探险，请您不要采摘并带走马缨丹的种子，更不要破坏当地的植被。不过，有一件事您是可以做的，那就是随手摘掉野生马缨丹的花和未成熟的果实。我国有庞大的旅游人群，如果大家一起形成合力的话，马缨丹疯狂肆虐的日子就不会太久了。

马缨丹

引人遐想的"五色梅"

人类与其他动物一样，会对外界的刺激信息形成条件反射。例如，我们见到了鲜美的食物或者闻到了香喷喷的食物味道，嘴巴里难免会产生唾液，有时甚至不自觉地就流出来。这固然不雅，但是却很难将其控制。不过，人类还能建立由语言、文字等抽象信息引起的条件反射，这是我们所特有的。比如说，当我们说"狗"的时候，或者看到和狗相关的文字的时候，即使身边并没有狗，也没有任何狗的气息，我们也知道它是一种毛茸茸的可爱动物，是我们的好朋友。由此可以看出，语言和文字有多么强大的力量啊！

但是，人类的语言有时也会作弄人，并引起人往歧途上想。比如当朋友们看到"五色梅"这三个字的时候，你脑子

狗

马缨丹

157

马缨丹带倒钩的茎

里反映出的是什么样的
一幅景色呢？我不用
猜，也知道你首先想到
的会是梅花，并且知道这
种"梅花"很漂亮，有多种
颜色——即使有我前面的提
示，你也禁不住会这样想。这
倒没全错，因为我们提到的五色
梅的确是一种很漂亮的花，但是
它跟梅花，怎么说呢——用现在网
上流行的话来说吧——就是"没有半毛
钱的关系"。它其实是马鞭草科马缨丹属
的一种常绿灌木，通常在各种文献中见到的名
称叫马缨丹*Lantana camara* L.，其余常用的名称还有一长串，如五
龙兰、如意草、五彩花、臭草、臭金凤、五雷丹、五色绣球、变色草等。
但是在我看来，所有的名字其实都不如"五色梅"容易引起人们的联
想，从而记忆深刻。不过，为了规范起见，我们在后文还是采用马缨
丹这个名称。

马缨丹的果实

形如其名，五色梅——嗯，也就是马缨丹——的确非常漂亮，因
为它的花有着许多种颜色，如橙色、红色、黄色、白色、紫色以及粉红
等，这也是它的名字的由来。它的每朵花并不是独自生长的，而是很
多花聚在一起生长，形成头状花序或伞房花序。这些花可能是同一
种颜色，也可能是不同的颜色。依照不同的种植环境和阳光照射程
度等因素，花色也不一样：有些花初开的时候为黄色，但是随后变为
橙色，或者橙色变红色、白色变粉红色等；有的花序外围与中央的花
朵颜色也不同，因此呈现出一个五彩缤纷的圆盘，自然十分吸引人的
眼光。

这与马缨丹开花的特点有关。它的花朵很小，但是数量多，花
期也很长，在热带地区，从初春到深秋，可以不停地绽放。同一个花
序中的小花，也不是同时开放，而是按一定的规律，从外围到中心，

一朵一朵地开放,仿佛是一种经过深思熟虑后的精心安排。随着花朵开放程度的不同,颜色发生改变,因此每一个花序都是五彩缤纷。

马缨丹是虫媒花,主要依靠蝴蝶和飞蛾帮其传粉。它制造了大量的花蜜用于吸引这些昆虫。为了保证传粉的效率,马缨丹设计了巧妙的机关。它们的花冠就像瘦高的喇叭,上端开口大,但是下半部分收缩成细长的管状,花蜜就藏在底部,4枚雄蕊着生在管状内壁上,遮住花蜜,像是传说中的火龙守护着宝藏一样。蝴蝶或飞蛾要想吃到这些花蜜,就必须先将口器穿过雄蕊花药形成的障碍,再经过雌蕊的柱头,才能到达管底。在这个过程中,粘在昆虫口器上的花粉会落在柱头上,从而完成传粉。马缨丹的花一旦受精完成,其颜色就会改变。这等于是向传粉昆虫释放了一种信号,告知它们这里的花蜜已被其他昆虫占得先机,为了不浪费大家的宝贵时间,请另觅芳草吧!

因为马缨丹的花如此地特别,在通常的情况下,我们不再需要仔细观察其他的特征就可以将其辨认出来。

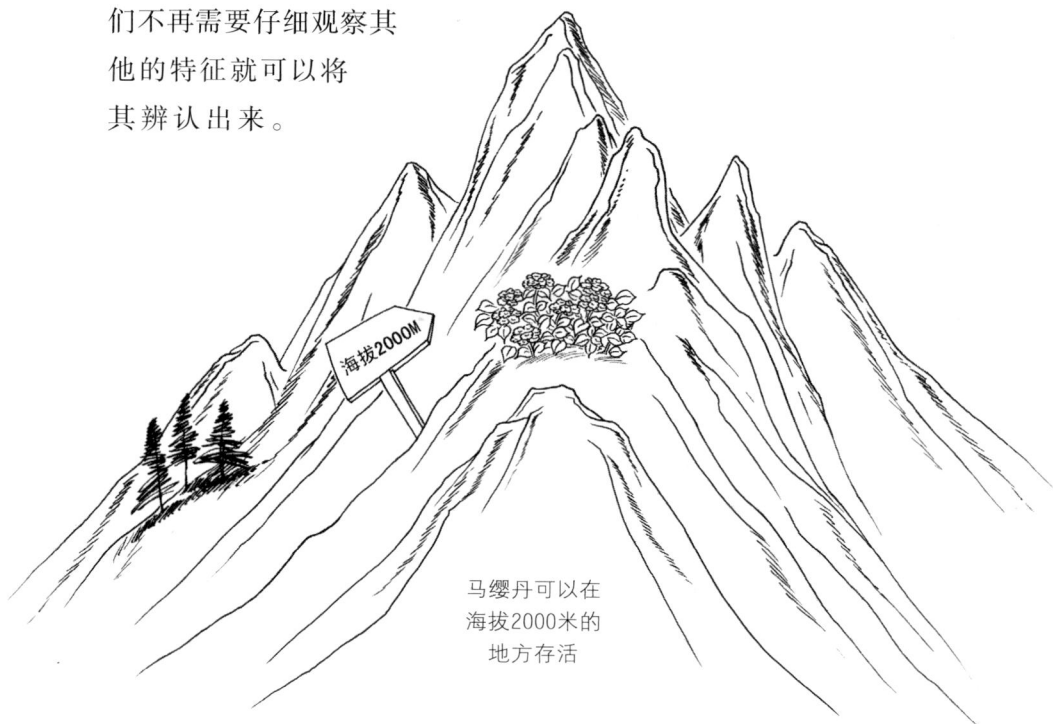

海拔2000M

马缨丹可以在海拔2000米的地方存活

160

但是出于不同的目的,我们有时候可能还是得知道它们的其他信息。前面已经提到,马缨丹是一种常绿灌木,但是它又不同于我们常见的灌木,因为它们不仅仅是直立的,高1~2米,更多的时候是类似于爬山虎那样的攀援性植物,长可达4米,整个植株都有粗短的软毛,茎方形,棱角分明,在棱角上有小倒钩,摸上去稍稍有种割手的感觉。茎条被折断后,有一种强烈的气味,主要是因为它们含有多种植物化学物质,如马缨丹烯A、马缨丹烯B、马缨丹烯、类马缨丹酸、马缨丹异酸等,以及一些挥发油,如荜草烯、β-石竹烯、γ-松油烯、α-蒎烯和对–聚伞花素等。其叶对生,卵形或卵状椭圆形,先端尖锐,边缘具有钝锯齿,叶片表面有粗糙的皱纹和短柔毛,背面有小刚毛,网状叶脉十分明显。叶片揉碎后亦有强烈的气味。植株常年开花,花为两性花,雄蕊4枚,2长2短,雌蕊1枚。整个花序直径1.5~2.5厘米;花序梗粗壮;苞片披针形,长为花萼的1~3倍,外部有粗毛;花萼为管状,膜质,长约1.5毫米,顶端有极短的齿;花冠管长约1厘米,两面有细短毛,直径4~6毫米;子房无毛。所结果实圆球形,直径约4毫米,开始为绿色,成熟后变为紫黑色,表面具光泽,内含2粒种子。不过,繁花落尽后,枝头剩下几个光秃秃的小果实,非常平淡无奇,没有多少吸引力了。

　　历史的教训一次次地告诉我们,一味地贪恋美貌,会酿成苦酒,而忽视平淡外表,同样也会犯下严重错误。马缨丹则再一次向我们重申了这两个教训的严重性。

马缨丹的近亲——蔓马缨丹也是一种外来入侵植物

流浪的足迹

　　记得有一次我们去西双版纳，询问植物园的一位工作人员在哪儿可以找到马缨丹，结果那位工作人员的表情就好像我们是外星人似的："马缨丹呀，到处都是！"那时我们并不十分了解这种植物，而且马缨丹在那个季节花也很少，因此对于自己的无知还稍微可以自我安慰一下。但是生活在南方的许多朋友，早已对它们司空见惯了——因为它们的确到处都是，在不同的生境中，只要阳光稍好一些的地方，不管是什么样的土壤类型，都能找到它们，如果水分多点，则对它们更有利，它们甚至在海拔2000米的高处都能生长良好。

　　但是，在400年前，马缨丹可不是到处都有。那时，它们还仅仅局限在拉丁美洲一带的墨西哥、巴西、哥伦比亚、委内瑞拉以及西印度群岛等地，只有当地的居民有幸观赏到它们的芳容。

　　这一情况随着西方殖民者的涌入而发生了根本性的变化，其变化之剧烈，没有人预料得到。由于缺少具体的史料，我们无法确切得知西方人初次看到马缨丹的神情。但是我们不妨做些简单的类比：当我们首次见到绝美的事物的时候，会不会由衷地发出赞叹呢？所以，我们大约还是可以想象得到最早见到马缨丹的那些人的心情。

　　"爱美之心，人皆有之"，见到如此迷人的花，人们难免心动，很自然地，便想着怎样可以使得自己随时能观赏到它。在那个时候，欧洲已经建立起了不少植物园，种植从世界各地收集来的奇花异草以供人们（尤其是贵族阶层）观赏，并用于博物学研究。因此，大约在1636年，荷兰人便从巴西把马缨丹的种子带回了欧洲，种植于该国的莱登大学植物园内。当马缨丹那艳美的花朵在欧洲第一次开放的时候，会是什么样的盛况呢？可想而知，一大群王公贵族围绕在它们周围赞个不停，恨不得将

哥伦布

邱园

其据为己有，而马缨丹在欧洲大陆从此名声大噪。这不，人们很快就将它们弄到了英国的皇家植物园——邱园进行展出。因此，到了17世纪90年代，各国殖民者不甘落后，纷纷前往拉丁美洲，除了寻找黄金和扩张殖民地外，还负责搜集这些珍奇的植物，以便相互炫耀。当然，殖民者也会将豢养的各种宠物、经济植物以及观赏植物等带往新殖民地。于是，马缨丹的种子便来到了欧洲大陆的许多国家、英格兰群岛以及北美洲等地。这些引种活动是如此地狂热，以至于一直持续到19世纪而未衰减。

再稍微深入地了解一下世界历史，将有助于我们对整个事情的认识。从15世纪葡萄牙占领果阿开始，西方国家大规模地在全球扩张殖民地，掠夺黄金，而1492年哥伦布发现美洲大陆后，这种扩张和掠夺变本加厉起来。在短短两三百年之内，南、北美洲的大部分土地均沦为欧洲国家的殖民地，当地的土著人则遭到奴役和屠杀。其他大陆亦未能幸免。从1510年开始，印度先后沦为葡萄牙、法国、荷兰、丹麦等国的殖民地，而从1613年开始，到1947年印度宣布独立，在这长达300多年的历史中，它则属于英国的殖民地。1807年，马缨丹被英国人带到印度，并在随后的年份多次从英国引入印度各地的军营，或者在军营之间进行传播。1841年，它出现在澳大利亚的老阿德莱德植物园。同样在这一世纪（大约于1858年），它来到了南非。到20世纪初的时候，它在世界上热带、亚热带地区已经几乎"到处都是"了。

马缨丹进入中国的时间要比它进入上述地方的时间还要早，其原因很简单：它是荷兰人带进来的。我们已经知道，马缨丹最早是由荷兰人于1636年左右引入欧洲。1624年，荷兰人占领了我国美丽的宝岛台湾，在随后长达近40年的时间里，对台湾进行殖民统治。大约在1645年，荷兰人将马缨丹带到了台湾——想必这帮强盗如果没有这种美丽的花陪伴，恐怕连觉都睡不好。随后马缨丹扩散到我国大陆的东南沿海各地，并继续向内地扩散，很快就成席卷之势，尤以广东、广西、福建、台湾、浙江、云南、四川诸省为甚。席慕容在她的作品《马缨丹》里写道，她在香港读小学的时候，逃学来到学校旁边的山坡上，那里"没有大树，只长满了一丛又一丛的马缨丹"，她观察着这些小花，开始"色彩的初级教育"。

台湾阿里山

马缨丹会散发一种让动物无法靠近的味道

后来到了台湾，她看到的"满山仍然是一丛又一丛的马缨丹"。

由此可见，马缨丹在全球扩散的历史与西方的殖民历史紧密相关，它们是作为一种观赏花卉而受到殖民者的青睐的。到了现代，随着普通市民逐渐从繁重的体力劳动中解脱出来，他们也开始在自家的花园里用花盆摆弄各种花草，马缨丹更加快速地扩散开来。迄今为止，已经有60多个国家和地区都有马缨丹的分布，主要是南美洲、欧洲、非洲、亚洲的东南亚及中亚一带、北美洲的美国以及太平洋地区。据估计，马缨丹的分布面积在印度已达1300万公顷，澳大利亚达500万公顷，南非200万公顷。中国目前尚无准确的统计数据，但是肯定不会太少。

除了观赏怡情之外，人们还发现了马缨丹的一种新用途：篱笆墙。普通的农民没有那么多精力和时间去欣赏这些花朵的芳容，他们只知道要好好地保护自己的农作物，防止牲畜取食和踩踏，因此他们倾向于在地里田间建筑篱笆墙。马缨丹在这方面展示了它的优势：它们生长非常迅速，很快就可以长成密密麻麻的灌木丛，高可达2～3米，枝条纵横盘结；它们的茎条上长着倒钩，动物们会小心翼翼地不去碰它们；它们的茎叶有刺激性的气味——实际上，它们对绝

蔓马缨丹

大部分动物而言，都是有毒的，因此，没有动物会去吃它们。它们就
是一道阻止牲畜进入农田和菜地的天然屏障。这种马缨丹篱笆在欧
洲、非洲和我国南方的一些省市均可以见到。

　　马缨丹如此地受到欢迎，自然就有人琢磨这件事，并以此开展
各种经济活动以增加收入。在世界各地的花卉市场，有许许多多的

花盆中的马缨丹

人售卖着马缨丹的种子和种苗，而园林师和育种专家则埋头工作，应用杂交、染色体倍增以及辐射育种等手段，尽力培育出新的品种，甚至连它的近亲——蔓马缨丹*L. montevidensis* (Spreng.) Briq.也受到了青睐。据统计，马缨丹在世界范围内已有超过630个品种在市场上出售。

鸟

猴子

山羊

狐狸

能为马缨丹传播种子的动物

大梦初醒

乐极生悲,似乎是一条颠扑不破的真理。人们对马缨丹如醉如痴,以至于整个人类社会仿佛集体嗑药,昏昏沉沉,而对马缨丹潜在的威胁却浑然不觉。待到猛然惊醒的时候,为时晚矣。

前文已经提到,虽然马缨丹的植株和果实长相平淡无奇,但是我们却不可以貌取人,因为它们所蕴藏的能量非同小可。我们先说说那些朴实无华的果实吧。马缨丹的每个花序平均结出大约8个果实,每个果实内含两粒种子。由于马缨丹常年开花,因此亦常年结果,每年产生不计其数的种子。这些种子主要依靠鸟类进行传播,但是其他动物亦会发挥作用,如狐狸、山羊和猴子等。鸟类的活动范围广泛,也非常利于马缨丹的传播。在一些岛屿上,一些外来的鸟类以马缨丹的果实为主要食物,帮助马缨丹扩大领域;反过来,马缨丹的数量增加后,为它们提供了更多的食物。这样,两者就都迅速扩张,其结果却对这些岛屿上的本地物种产生了严重的影响。

马缨丹植株抗逆性强,生长速度非常快,能够形成十分致密的灌木丛。它们一旦站稳脚跟,其他植物根本没有机会挤进它们的地盘。因此,在受到人为干扰的地方,如森林中的灌木层,它们能够很轻易地就成为绝对优势种群。马缨丹的密度与物种丰度呈负相关性,也就是说,当它们的密度增加后,生境中的物种数量随之减少,其后果就是中断了该地方的生态演进过程,降低当地的生物多样性。在有些地方,因为马缨丹的横行,它们持续地压制受干扰森林的恢复过程,使其延缓恢复至少30多年。

马缨丹还具有非常强的化感作用,释放出的化学物质会抑制其他植物的种子萌发,降低它们的生长速率,增加其死亡率。我们大家都很清楚,要维持社会上人口结构的稳定,需要人口出生率和死亡率的平衡,如果这一平衡被破坏,会造成一系列的问题,这也是我国在长期实行独生子女政策后现在又开始逐步放开二胎的一个理由。同样的道理,任何一个物种要保持它在生态系统中的地位,也必须维持其稳定的出生率和死亡率。现在由于马缨丹的出现,当地物种的出生率被抑制,而死亡率增加,因此它们很快就会被排挤出当地生态系统。加拉帕戈斯群岛上的一种亚麻就因此而变得极度濒危,其他物种也面临同样的威胁。

在整个自然界,任何物种都不是孤立的,它或紧或松地与其他物种相关联,其中最为常见的一种关系就是食物链。如果一个物种在自然界中消失,那么以其为食的其他生物也面临威胁,其受威胁的程度视其对该物种的依赖性而不同。若消失物种是其唯一的或绝对的食物来源,那么,那些以它为食的动物也就在劫难逃。在肯尼亚,马缨丹正在逐渐取代东非大草原上的其他灌木,而这些灌木是当地黑马羚的食物来源,因此黑马羚正面临前所未有的威胁——我们已经知道,马缨丹是一种有毒植物,即使它们长得再好,也无法为黑马羚提供食物。

黑马羚

马缨丹对森林生态系统的另一种潜在影响也逐渐露出水面。科学家针对马缨丹入侵严重的热带地区森林进行研究后发现，与本地物种相比，马缨丹的着火点要更低，加上动物不会以其为食物，因此它们死亡干枯后的枝条会堆积得越来越高，甚至达到树冠层，因此一旦起火，火苗非常容易蹿到树冠，引起更大的森林火灾。

　　农业和种植业也没能逃脱马缨丹的影响。马缨丹的化感作用同样会作用于农作物和其他经济植物，降低它们的产量。在马缨丹密

牧场

度大的区域,土壤对雨水的吸收能力及保有能力下降,使得水土流失加剧,土壤肥力降低。牲畜容易误食马缨丹的叶片和果实而导致中毒,因为其叶片和种子中含有的三萜类化学物质具有很强的毒性,而且目前无药可解。在农场、牧场和林场,致密的马缨丹灌木丛还为鼠类和许多害虫提供了藏身之所,加剧了这些地方虫、鼠害的危险,例如,在印度藏身于马缨丹树丛的疟蚊以及卢旺达、坦桑尼亚和肯尼亚等地的舌蝇,就引起了人类严重的健康问题。

距离马缨丹离开它的故乡整整300年之后，也就是一直等到上世纪中期，我们才开始意识到这些问题的严重性，各国政府和民众开始探索对付马缨丹的方法。现在，马缨丹被宣布为世界上最恶劣的十大杂草之一，它们由云端坠落凡间，从人人追捧的宠儿变成了过街老鼠。当时的西方列强本指望去世界各地开疆拓土，掠夺财物，没想到到头来，他们几乎没有保住任何殖民地，而他们从新世界带回来的马缨丹，却开始在他们的国度肆虐：侵占良田，毒害牲畜，破坏生态系统，并连累到其他的无辜国家，造成重大的经济损失。这难道不是莫大的讽刺吗？

亡羊补牢

为了控制马缨丹的危害，我们做了哪些事情呢？归结起来，我们主要通过人工防治、化学防治和生物防治三种方式试图遏制这种植物的扩张势头。

第一种方式就是机械式地将马缨丹的植株拔除，这种方法的关键是必须在马缨丹入侵的早期即发现，并立即实施，并且之后还要不时地检查是否有新苗长出。法国作家安托万·德·圣埃克苏佩里所著的《小王子》中有一个情节，小王子每天早上必须拔除他所在星球上的猴面包树的幼苗，如果没有及时打理，拔得太迟了，就再也无法将它清除了，它的根会把星球弄得支离破碎。同样的道理，如果入侵的马缨丹没有被及时清除，后面的处理就十分麻烦，因为它们的根系十分发达，人工根本无法将它们拔除；如果仅仅割除地上的茎条部分，它在来年很快就又会在原来的地方长出新的茎条。因此，在敏感地区，我们必须像小王子那样时刻保持警惕，以及像他那样勤勉。在早期及时拔除入侵的马缨丹，是十分有效的方法，但是却很少有人愿意这样去做，因为去除茎条和根系是十分繁重的体力活，而且马缨丹的枝上还有倒钩样的刺，与它们打交道必须小心翼翼，确实不是一件令人愉快的事情。后来有些地方干脆在割除茎条之后把它们晒干，然后放上一把火，接着种上新的其他植物。据报道，这种方法的效果居然不错。

如果想省时省力的话，化学方法是最好的了。每隔一段时间洒上除草剂，对于抑制马缨丹的生长有良好效果。例如将氟草定和氯氨吡啶酸按一定比例混合，每6个月喷洒两次，效果相当好。但是，这种做法的经济投入不菲（氟草定在网站上的售价为10万元每吨），且对环境也会造成破坏，说不定会造成更大的麻烦。不过，人天生就有一种惰性，有了这种方法，人们也不再考虑投入和环境因素，除草剂竟大行其道起来。我小的时候，实在没有零食，就经常将田埂上小草的根掘出来吃。城市里的小朋友可能不知道，那些小草的根可甜啦！前些年当我再次回家，想再弄些小草的根尝尝的时候，被家里的人阻止了，因为现在到处都施放了除草剂，谁还敢去吃小草的根呢？

因此，现在人们也在不断探索新的方法来遏制马缨丹，特别是生物防治法。这种方法就是利用马缨丹的天敌来消灭它们。它们在新的环境中不是没有天敌吗？那就帮它寻找天敌，在必要的时候从国外引入。这样的思路其实早就有了，而且马缨丹的天敌也有了一串长长的名单，总共达40多种。动物主要是昆虫，如鳞翅目、半翅目、鞘翅目以及双翅目的一些种类，这些昆虫或者摄食马缨丹的叶子，或者破坏其种子；天敌植物则包括著名的寄生植物——菟丝子。令人沮丧的是，这些天敌目前还没有带来人们所预期的捷报。这里有多方面的原因，一是前文提到的，马缨丹有600多个品种和变种，其基因多样性异常的丰富，使得它们在应对环境变化时异常的灵活，因此想

生 物 防 治

生物防治是利用有益生物或其他生物来抑制或消灭有害生物的一种防治方法。它利用了生物物种间的相互关系，以一种或一类生物抑制另一种或另一类生物。它可以分为利用微生物防治、利用寄生性天敌防治和利用捕食性天敌防治三种类型。生物防治的最大优点是不污染环境，不影响人类健康，具有广阔的发展前景。

菟丝子

用单一的天敌去对付它们，简直是异想天开；其二是，这些天敌的专一性低，它们除了攻击马缨丹外，也会攻击本地的其他物种，应用起来难免投鼠忌器，而且如果是外地引进的物种，说不定又会是另一场梦魇。

人工去除的方法太累，化学方法又有潜在的环境问题，生物防治效果又不好，难道我们就束手无策了吗？我的答案是，我们不必对此灰心，科学的发展，会帮我们找到一条有效的道路。就目前而言，我们可以时不时地用锄头铲它们一下，放火烧一下（不过你要特别注意用火安全，烧过之后，还要定期检查，及时去除新茎条，否则白烧），给它们遮遮阴（马缨丹对光的需求较高，光线不足会抑制种子的萌发），以及及时种上其他的植物，占领地盘。总之，要对付困难，积极的心态最重要了。这样坚持下去，即使难以彻底铲除它们，也不至于让它们进一步扩张。

也许有些朋友会说，在我们这里（比如北方的朋友），马缨丹没有那么多的问题，是不是我就没法为遏制它们贡献力量了呢？非也，首先，你有这种意愿，就是非常宝贵的，其次，如果你能按照以下方法去做，那么，你不仅可以为遏制马缨丹作出贡献，还可以为遏制其他外来物种的入侵作出贡献。

首要的是，如果你喜欢欣赏马缨丹的花，并想在花盆中栽种的话——请放心，我不是让你不要种，而是请你不要直接购买种子。现在市面上有一些马缨丹的品种是不育的，也就是它们会开出漂亮的花，但是不会结果（反正它们的果实没什么好看的），或者结出的种子无法萌发，因此就不会有扩散的危险——请你购买这样的品种。如果你家中已经种植有马缨丹，现在不想要了，请先妥善处理（如把根拔出来晒干）再抛弃。

如果你出去旅游或者探险，请你不要采摘并带走马缨丹的种子，不要破坏当地的植被，因为我们前文已经说过，受过人为干扰的地方最容易遭到马缨丹的入侵了。不过,有一件事你是可以做的,那就是随手摘掉马缨丹的花和未成熟的果实(用于景观的除外)。也许你会说,我们从小就被教育不要破坏花草树木,不要随意摘花。你说的一点也没错,不过要看针对的对象,马缨丹恰好不在此列。如果有人指责你的话,你可以理直气壮地告诉他们,你在去除害草,或者把这段文字翻出来给他们看,并请他们也一起动手。你摘的花和不成熟的果实越多,它们用于扩散的因素就越少。后面的推理我不说,你也明白了。

最后,请你把这些东西告诉你的朋友。最重要的是,请你帮助推荐这篇文章,多多益善。我国有成千上万的人种花,有庞大的旅游人群,如果他们与我们一起形成合力的话,马缨丹疯狂肆虐的日子就不会太久了。

来吧,朋友,让我们共同努力,保护好我们的家园。

（黄满荣）

深度阅读

李振宇,解焱. 2002. 中国外来入侵种. 1-211. 中国林业出版社.

林英,戴志聪等. 2008. 入侵植物马缨丹(*Lantana camara*)入侵状况及入侵机理研究概况与展望. 海南师范大学学报(自然科学版),21(1): 87-93.

万方浩,谢丙炎. 2011. 入侵生物学. 1-515. 科学出版社.

万方浩,刘全儒,谢明. 2012. 生物入侵:中国外来入侵植物图鉴. 1-303. 科学出版社.

卢向荣,谭忠奇等. 2013. 入侵植物马缨丹对4种农作物的化感作用. 厦门大学学报 (自然科学版),52(1): 133-138.

环境保护部自然生态保护司. 2012. 中国自然环境入侵生物. 1-174. 中国环境科学出版社.

清道夫

Hypostomus plecostomus Walbaum

对于普通的观赏鱼爱好者来说，如果你饲养的是清道夫等一类能够造成危害的外来观赏鱼类，一定要严格将其控制在特定的范围内，采取必要的措施严防其逃逸，以免给生态环境的安全带来威胁。

千奇百怪的鲇鱼

常言道，"林子大了，什么鸟都有"，这句话现在带有贬义，讽刺个别出格的人，做出了出格的事。不过，站在生物学的角度，这句话描述的就是一个正常的生态现象：一片小小的树林，一般不会有很多鸟在那里栖息，因为不利于捕食，也不利于隐藏、保护自己；如果是一大片森林，植物的种类繁多，在此栖息的动物就比较丰富，自然就会在这样的树林中看到很多种类的鸟。这里就有一个生态学的道理，生态环境越复杂，物种多样性就可能越高。

如果某一类群的生物，能够适应很多种生态环境，那它自身必然也是多姿多彩的。这个道理用在鲇形目中，是再合适不过了。鲇形目是鱼类中比较大的一个目，世界上共有31科、大约2200多种。除

湄公河是亚洲重要的跨国水系

可以用放电的方式来捕食和防身的电鲇

了两极极端寒冷的地区，它们在世界各地均有分布，而且形态各异、姿态万千，在各自的水域中或引领风骚，或自成一派，维护着家族的繁盛。

"鲇"字也常写作"鲶"，两个字通用。种类繁多的鲇形目鱼类，只有海鲇科、鳗鲇科两个科的鱼类生活在海洋，其他的都分布在淡水中。

最大的鲇鱼是生活在东南亚地区的湄公河中的巨型鲇鱼，体长可达3米，体重可达到300千克，现在已经濒临灭绝；在尼泊尔与印度交界的喜马拉雅山下的大卡利河中，还有一种巨大的鲇鱼，据说，其开口于头部前端的大嘴，张开的瞬间会形成很大的吸力，能将站立在水中的人吸倒跌入河中。它们会主动攻击在河里活动的人类，是因为当地人有水葬的习俗，而它们就将人类的尸体当成了一种食物。

在非洲的河流中，还生活着著名的电鲇，这种鲇鱼视觉退化，怕光，昼伏夜出，但性情凶暴贪食，以鱼类、甲壳类、昆虫等为食。它的身体里有一组肌肉特化为发电器官，猎食时以电击击昏猎物。有人测试过，电鲇瞬间可发出200～450伏特的电压。电鲇在比较混浊、不够清澈的河流底层用这一独门绝招来对付猎物，屡屡得手，少有落空，因此独霸一方。

179

斑点叉尾鮰

黄颡鱼

鲶鱼中既有这些狠角色，也有人们熟悉的胡子鲶、叉尾鮰、江团、黄颡鱼等餐桌上常见的美味，它们的身体有黑色的，有白色的，还有黄色的，或大或小，都是以无鳞少刺、肉质细嫩给人留下深刻印象。

观赏鱼中的另类

除了上述的鲶鱼，还有一些明星鲶鱼在观赏鱼界扬名立万。

观赏鱼主要是指为人们社会生活提供文化情趣与欣赏价值的鱼类，它是鱼文化活动不断发展的产物。我国不仅在早期的历史发展中就出现了鱼图、鱼饰、鱼形纹等鱼文化的内容，而且同古罗马、古埃及一样，也是最早使用鱼缸饲养观赏鱼的国家之一。

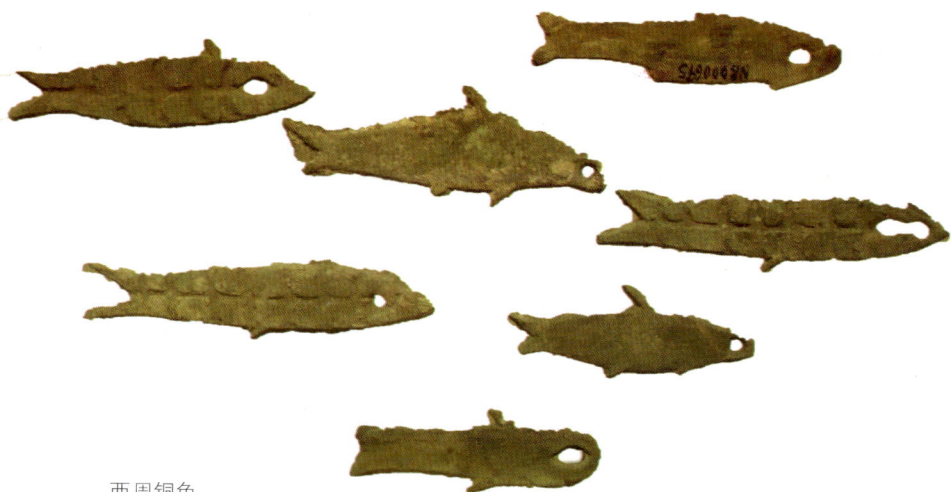
西周铜鱼

西周玉鱼

玉鱼

半坡文化鱼纹钵

明朝白釉红彩鱼纹盘

　　我国观赏鱼的养育最早可能始于唐朝。至宋朝，观赏鱼的养育更为普遍，开始了观赏鱼由野生转为人工驯养的阶段。我国是温带淡水观赏鱼——金鱼的故乡，它的祖先是野生的红鲫鱼。金鱼最初见于北宋初

金鱼

宋高宗赵构

上海老城隍庙

年浙江嘉兴，后来南宋皇帝赵构又在皇宫中大量蓄养，而金鱼的家化则是由皇宫中传到民间并逐渐普及开来的。近代，在我国上海老城隍庙的九曲桥、杭州的花港观鱼等地，都有大量的金鱼被放养。

杭州花港观鱼

现在,观赏鱼的种类已大为丰富。观赏鱼的原产地分布在世界各地,品种不下数千种,有的色彩绚丽,有的形状怪异,有的稀少名贵。它们通常由三大品系组成:即温带淡水观赏鱼、热带淡水观赏鱼和热带海水观赏鱼。其中热带淡水观赏鱼是观赏鱼大家族的主要组成部分,较著名的品种有三大系列,一是灯类品种,如红绿灯、头尾灯、蓝三角、红莲灯、黑莲灯等,它们小巧玲珑、美妙俏丽、若隐若现,非常受欢迎。二是神仙鱼系列,如红七彩、蓝七彩、条纹蓝绿七彩、黑神仙、芝麻神仙、鸳鸯神仙、红眼钻石神仙等,它们潇洒飘逸,温文尔雅,大有神仙的风范,非常美丽。三是龙鱼系列,如银龙、红龙、金龙、黑龙鱼等,它们素有"活化石"美称,名贵美丽,广受欢迎。热带淡水观赏鱼于20世纪30年代传入我国,并且在60年代末至70年代初风靡一时。

红绿灯

黑灯管

红灯管

热带淡水观赏鱼主要来自于热带和亚热带地区的河流、湖泊中,它们分布地域极广,品种繁多,大小不等,体形特性各异,颜色五彩斑斓,非常美丽。依据原始栖息地的不同,它们主要来自于三个地区:一是南美洲的亚马孙河流域的许多国家和地区,如哥伦比亚、巴拉圭、圭亚那、巴西、阿根廷等地;二是东南亚的许多国家和地区,如泰国、马来西亚、印度尼西亚等地;三是非洲的三大湖区,即马拉维湖、维多利亚湖和坦干伊克湖。

在众多的热带淡水观赏鱼中,自然少不了鲇鱼的身影。例如,

条纹七彩

条纹七彩

条纹七彩

黄七彩

白七彩

红七彩

红眼神仙鱼

熊猫神仙鱼

斑马神仙鱼

锦鲤神仙鱼

185

龙鱼

原产于泰国、马来西亚的蓝鲨,也称虎鲨,其背部青色,体侧青灰色,腹部银白色,头端圆钝,双目位于头的两侧,炯炯有神,背鳍常常是直立高耸在背部,尾鳍深叉形,外形跟海水中的鲨鱼接近,再加上它总是在水的中层游来游去,而不是像它的同类那样,多数是潜伏在水底的,所以被叫作"蓝鲨"。还有一种惹人怜爱的鲇鱼,就是在嘴部生长着两根长长的状若猫须的触须、身体晶莹剔透的"玻璃猫"。玻璃猫身体大小、形状很像柳叶。它性情温和,比较胆小,不喜欢游动,经常躲藏在水草的后面,停留不动时身体稍稍上倾,水晶般透明的躯体轻

龙鱼

蓝鲨

微地摆动，根根细骨清晰可见。如果鱼缸里养了一群这种小鱼，常常会看见它们齐齐地排在水草后面，颤微微地摆动着，柔柔弱弱，让人顿生怜爱之心。此外，还有身体头部、背部的斑点好像镶嵌着一颗颗珍珠的"珍珠鼠"、身体的斑纹近似豹子的"花豹鼠"，等等。它们都是隶属于美鲇科甲鲇亚科的鱼类，个头都比较小，最大也不超过10厘米。与家族中其他头圆嘴阔的亲戚不同，它们头部前端缩小，口开在前端腹面，嘴角的几根胡须一直不断地扫描周围的情况，两只小小的黑眼睛，既明亮又警惕，非常可爱，像极了晚上出来找食的老鼠，所以

反游猫

虎鲶

养鱼的人把它们归为"鼠"类。这些小鱼即使养了很长时间,驯化了固定的喂食时间,但好像也改变不了它们忙碌紧张的样子。它们整天都在水底,即使在鱼缸中没有食物的时候,也总是忙忙碌碌,游游停停,积极地蠕动着紧贴缸底的小嘴,胡须还不停地在砂砾中扫来扫去,好像一直都在不停地寻找食物。

除了上述这些种类,还有一些颇有特色的类群,如产于中美洲、南美洲的花鲶科种类,以及山涧溪流中栖息的一些胸部有独特吸盘结构的鮡科种类,也受到了很多观赏鱼爱好者的追捧。

异军突起的"铠甲兵团"

在鲶形目的观赏鱼中,最让人大跌眼镜的还是甲鲶科的种类。在人们的印象中,鲶鱼一般都是身体呈长条状,头大、圆且扁,开口大,嘴角都有几根长短不一的胡须,没有鳞片,滑溜溜的,身体上包裹着一层黏液,徒手不容易抓住。但是甲鲶科的种类却不是这样,它们头小、圆圆的小口开于腹面,跟常见鲶鱼的大扁嘴似乎没有一点关联,口角也没有明显的触须。不仅如此,这个类群的鱼类还标新立异、"统一着装",全身披有一套"铠甲"。如果用手抓它们,这些鱼不是从你手里滑出去,而是一旦用力,铠甲上的小刺就会扎进手里,让你疼痛难忍,只能放掉它们。甲鲶科的这身"铠甲",是从皮肤演化而来。它们身体表面由多角形骨板连续排列成行，好像古代战士身上的铠甲一样，从头至尾将身体覆盖，像皮肤一样包裹全身，从而达到保护自己的目的。只有少数种类的胸部、腹部是裸露的。这些骨板上都有锐利的隆脊，或是小棘。随身带着这样的装备，一般的鱼类都不会与它为敌了。

在形态上有着如此大的差异，甲鲇科鱼类为什么还会被归类为鲇鱼呢？我们可以从两个角度来分析，首先是在外形上，虽然它们身披"甲胄"，但还是属于平扁的体形，头部比身体较为宽大，延长至尾部逐渐缩小，这与鲇形目的其他种类是一致的。更重要的是，在它们的身体内部，鱼鳔与消化管间由被称为鳔管的短管相连，鳔内的气体可以通过鳔管由口吞入或排出，或者由血管排出或吸收部分气体。而拥有这样的结构，也是鲇鱼的一个主要特点。此外，仅有鲤形目、鲱形目等的鱼类具有这样的结构，它们也被统称为通鳔类（或称开鳔类）。甲鲇科鱼类还具有一个鲇鱼的典型特征，就是具有韦伯氏器。韦伯氏器是由第1至第4或第5脊椎骨发生一系列变异，组成的一套鱼类特有的听觉器官。综合上述一些特征，甲鲇科鱼类归属于鲇形目，是没有问题的。

甲鲇科是个大家族，不仅包含了90多个属、650多个已经被描述的种类，而且还不断有新的种类被发现。它们的原产地仅限于中美洲和南美洲大陆的水域。这个科的种类不仅在外形上独树一帜，而且在观赏鱼界，它们获得的关注度也是无可比拟的。它们身上的铠甲十分漂亮，色彩丰富、图案多样；它们的身形有的粗壮、有的脊背较

红尾鲇

199

异型

高、有的纤细,还有一些种类的前端有短粗的胡须……这些奇特而变化多端的体形,多样的种类,正好符合观赏鱼的特点,自然会引起观赏鱼界的热烈追捧,在传统的金鱼、锦鲤、孔雀鱼、七彩鱼、龙鱼等之后,异军突起,独自成列,被观赏鱼行家们统称为异型。他们还根据这些鱼的花纹、体形等特点的不同,将甲鲇科分为坦克、皇冠豹、小丑豹、美洲豹、剑尾、达摩、直升机、迷宫等几大系列,并且给每种鱼都起

L260　L182　L021　L368

每个异型的品种有一个固定的号码,用它们所属的科Loricariidae的字母L开头,后面接一个数字即可

了一个非常漂亮的名字,如红翅皇冠豹、梦幻蓝骑士、长吻金点达摩、黄金小丑豹、皇后迷宫、雪花大胡子等。如果不是深深沉浸在其中的资深观赏鱼爱好者,大家很快就会被这些令人眼花缭乱的名称弄迷糊的。

铠甲兵团的这些复杂、炫目的中文名字,在交流或翻译中是很麻烦的。实际上,这个类群在国际上通行的是L编码。这是在1988年夏天的慕尼黑,由在一家著名的观赏鱼进口公司担任进口站经理的三个聪明的德国人解决的这个难题。他们经过一番讨论后,决定赋予每个异型的品种一个固定的号码,用它们所属的科Loricariidae的字母L开头,后面接一个数字即可。例如,皇后迷宫的编码是L260、雪花大胡子的编码是L182、国王雪球的是L368……这样,每一个异型的品种就拥有了一个仅属于自己的编码,从而便于出口商、进口商、批发商和零售商以及广大观赏鱼爱好者进行交流。简单、便捷的L编码系统就这样诞生了。不过,看到这些L编码,再比较一下那些浪漫的中文名字,你会忽然联想到即使很小的事情,也会体现出一个民族根深蒂固的思维习惯。它的中文名称是感性的、童话般的、浪漫的,而L编码则体现了德国人的严谨和逻辑性。

总之,能在观赏鱼界独享这样的识别系统,也只有铠甲兵团有这种待遇了。

异型

191

清道夫

危险的清道夫

在铠甲兵团中，有一个人们养殖最为普遍的种类，就是清道夫 *Hypostomus plecostomus* Walbaum，也叫垃圾鱼。它的中文正名为国王异型，编号为L021。它全身灰黑色，并带有黑白相间的花纹，布满黑色斑点，体长最多可以达到25厘米以上，是这个类群中体形比较大的一种。和其他异型一样，它身体的表面粗糙，有盾鳞，头部和腹部是扁平的，左右两边的腹鳍相连形成圆扇形吸盘，因此又叫吸盘鱼、吸口鲇。从腹面看,清道夫又像一个小小的琵琶,所以它也被称为琵琶鱼。

　　清道夫是杂食性的。饲养时,它经常吸附在水族箱壁或水草上,吸食藻类、青苔和水中的垃圾,是水族箱里最好的"清道夫"。不过,你要真的把它当成一个"专业"的清道夫,就大错特错了。如果在它的面前有营养而且美味的面包屑、鱼虫等美味佳肴的时候,它们就再也不会看上那些残饵污物了,哪怕只看一眼。

　　清道夫原产于南美洲各地的河流中,对环境条件要求不高,几乎只要有水就能存活。事实上,它是一种比较凶猛的鱼类,尤其是成年鱼类的食量巨大,除吃藻类、青苔等之外,还经常以其他鱼类的鱼卵为食,一天能吃掉3000至5000粒鱼卵,也能大量吞食鱼苗。

　　于是,当这个铠甲兵团的战士出现在多条我国南方的河流中的时候,人们不能不惊呼:这是一个危险的信号!

清道夫食量巨大,一天能
吃掉3000至5000粒鱼卵,
也能大量吞食鱼苗

防治外来物种入侵的方法

外来物种入侵的防治需要长期坚持"预防为主,综合防治"的方针,要科学、谨慎地对待外来物种的引入,同时保护好本地生态环境,减少人为干扰。在加强检疫和疫情监测的同时,把人工防治、机械防治、农业防治(生物替代法)、化学防治、生物防治等技术措施有机结合起来,控制其扩散速度,从而把其危害控制在最低水平。

人工或机械防治是适时采用人工或机械进行砍除、挖除、捕捞或捕捉等。农业防治是利用翻地等农业方法进行防治,或利用本地物种取代外来入侵物种。化学防治是用化学药剂处理,如用除草剂等杀死外来入侵植物。生物防治是通过引进病原体、昆虫等天敌来控制外来入侵物种,因其具有专一性强、持续时间长、对作物无毒副作用等优点,因此是一种最有希望的方法,越来越引起人们的重视。

事实上,清道夫在国际上已经是一个出了名的外来入侵物种,给许多国家的水生生态环境带来了麻烦。在我国水域,它是一个新的外来者,目前还没有发现它的天敌,因此在江河等水域中很容易大量繁殖,这样就会威胁本地鱼类和其他水生生物的生存。

清道夫是以观赏鱼的身份被我们熟知的。不过,我国在观赏鱼的引进方面一直存在盲目性,重于引进而疏于管理。目前,我国的鱼类外来入侵物种主要有两个来源:第一是水产养殖品种的引进;第二就是观赏鱼的引进。由于从国外引进观赏鱼类可以丰富我国的观赏鱼品种结构,促进观赏鱼业的发展,而观赏鱼具有非食用性,所以其进出口的管理要求就相对比较宽松,一般都没有经过充分的科学论证。

因此,当引进的观赏鱼逃逸到自然环境中的时候,就会造成潜在的生态危机。外来物种一旦形成入侵,将与本地物种争夺生存空间和食物,占据它们的生态位,威胁它们的生存,并且会带来一系列的水土、气候等方面的不良影响,也会造成大量的经济损失。因此,我们应当有针对性地引进优良观赏鱼品种,既要关注引进物种的经济效益,又要理性地思考引入后的生态风险。

清道夫

对于普通的观赏鱼爱好者来说，如果你饲养的是清道夫等一类能够造成危害的外来观赏鱼类，一定要严格将其控制在特定的范围内，采取必要的措施严防其逃逸，以免给生态环境的安全带来威胁。

（杨静）

深度阅读

徐正浩，陈为民. 2008. 杭州地区外来入侵生物的鉴别特征及防治. 1-189. 浙江大学出版社

牟希东，胡隐昌等. 2008. 中国外来观赏鱼的常见种类与影响探析. 热带农业科学，28(1): 34-40, 76.

徐海根，强胜. 2011. 中国外来入侵生物. 1-684. 科学出版社.

徐海根，吴军，陈洁君. 2011. 外来物种环境风险评估与控制研究. 1-263. 科学出版社.

摄影者

李湘涛　杨红珍　李　竹　徐景先　黄满荣

杨　静　倪永明　张昌盛　毕海燕　夏晓飞

殷学波　王　莹　韩蒙燕　刘海明　刘　昭

刘全儒　黄珍友　张桂芬　张词祖　张　斌

梁智生　黄焕华　黄国华　王国全　王竹红

黄罗卿　杜　洋　王源超　叶文武　王　旭

杨　钤　蔡瑞娜　刘小侠　徐　进　杨　青

李秀玲　徐晔春　华国军　赵良成　谢　磊

王　辰　丁　凡　周忠实　刘　彪　年　磊

于　雷　赵　琦　庄晓颇